Zukunft. Klinik. Bau.

Carsten Roth · Uwe Dombrowski ·
M. Norbert Fisch
Herausgeber

Zukunft. Klinik. Bau.

Strategische Planung von Krankenhäusern

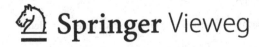
Springer Vieweg

Herausgeber

Carsten Roth
Institut für Industriebau und Konstruktives
Entwerfen (IIKE)
TU Braunschweig
Braunschweig, Deutschland

Uwe Dombrowski
Institut für Fabrikbetriebslehre und
Unternehmensforschung (IFU)
TU Braunschweig
Braunschweig, Deutschland

M. Norbert Fisch
Institut für Gebäude- und Solartechnik (IGS)
TU Braunschweig
Braunschweig, Deutschland

ISBN 978-3-658-09987-9
DOI 10.1007/978-3-658-09988-6

ISBN 978-3-658-09988-6 (eBook)

Die Deutsche Nationalbibliothek verzeichnet diese Publikation in der Deutschen Nationalbibliografie;
detaillierte bibliografische Daten sind im Internet über http://dnb.d-nb.de abrufbar.

Springer Vieweg
© Springer Fachmedien Wiesbaden 2015

Lektorat: Karina Danulat

Gedruckt auf säurefreiem und chlorfrei gebleichtem Papier.

Springer Fachmedien Wiesbaden GmbH ist Teil der Fachverlagsgruppe Springer Science+Business Media
(www.springer.com)

Vorwort

Im Zentrum der Gesundheitswirtschaft stehen die Krankenhäuser als wesentlicher Bestandteil der Gesundheitsversorgung. In Deutschland arbeiten ca. 1,1 Mio. Beschäftigte in den heute noch 1900 allgemeinen Krankenhäusern. Dabei versorgen sie jährlich über 17 Mio. stationäre Behandlungsfälle (Statistisches Bundesamt 2014). Auch wenn die deutsche Gesundheitswirtschaft eine vergleichsweise hohe Qualität aufweist, so gibt es eine zunehmende Anzahl kostentreibender Aspekte, wie den Fachkräftemangel und die Zunahme an nosokomialen Infektionen, die diese Qualität in Zukunft in Frage stellen könnten.

Die kontinuierlich sinkende öffentliche Finanzierung der Krankenhausinvestitionen hat zudem deutliche Spuren hinterlassen. Die deutsche Krankenhausgesellschaft schätzt den Investitionsstau, der durch die engen finanziellen Spielräume der öffentlichen Hand bewirkt wurde, auf über 50 Milliarden Euro (Laufer 2012).

Ebenfalls ist das Krankenhaus mit einem stetigen Wandlungsprozess der Medizin konfrontiert. Prägten im vergangenen Jahrhundert maßgeblich naturwissenschaftliche Themen die Medizin, so stellt sie sich heute als interdisziplinäres Fachgebiet dar, dass Wissen aus den Bereichen der Technik, der Ökonomie oder der Soziologie einbindet. Die Innovationszyklen der Medizintechnik und der medizinischen Behandlungen werden immer kürzer. Die Konsequenz ist, dass die Kosten für Investitionen in den Bau und Betrieb von Krankenhäuser stetig steigen. Dieser Kostendruck wird verstärkt durch ein leistungsorientiertes Finanzierungssystem mit sinkenden Erlösen, veränderten Ansprüchen der Patienten und einen zunehmenden Wettbewerbsdruck.

Die Konsequenzen der aufgeführten Veränderungen sind vielfältig und haben Einfluss auf fast alle Aspekte der Gesundheitsversorgung: Vom Vergütungssystem der gesetzlichen und privaten Krankenkassen bis hin zur Spezialisierung von Einrichtungen. Krankenhäuser müssen in Zukunft effizienter planen, betreiben und arbeiten, um sich den Herausforderungen zu stellen und weiterhin eine qualitativ hochwertige Gesundheitsversorgung gewährleisten zu können (Roth 2013).

Einhergehend mit diesen Herausforderungen haben sich auch die Instrumentarien der Krankenhausplanung und die Struktur der beteiligten Planer verändert. Das gängige Prinzip eines unstrukturierten Planungsprozesses mit Abstimmungen zwischen dem Betreiber, dem Architekten, den Nutzern und den Fachplanern, wird mehr und mehr ersetzt durch eine systematische Vorgehensweise der „Planung vor der Planung". Durch die Analyse und Bewertung von Betriebsabläufen, Leistungsstrukturen oder Finanzierungsmodellen können Ziele klar formuliert werden, die für die weitere Planung als robuste Grundlage dienen. Nicht selten misslingt diese Vorgehensweise: Weder Klinikbetreiber noch Planer haben ein fundiertes Wissen über den Planungsprozess, die Systematik der Zusammenhänge und die richtige Einbindung der beteiligten Entscheider, Planer und Nutzer. An diesem Punkt setzt das vorliegende Handbuch an. Aufbauend auf der Expertise der beteiligten Institute, durch die Erkenntnisse zahlreicher Forschungsarbeiten und der Praxisbezug beteiligter Unternehmen stellt dieses Buch den Versuch an, die planungsvorbereitenden Prozesse in einen für Planer und Betreiber sinnvollen, interdisziplinären Leitfaden zu übertragen.

In einer Reihe von erschienenen Büchern liegt der Fokus auf Lösungsansätzen gebauter Beispiele und auf der Abhandlung von konkreten Empfehlungen und Gesetzen für die Krankenhausplanung. Das vorliegende Handbuch greift aktuelle Themen des Krankenhausbaus auf, das vorrangiges Ziel ist es einen robusten Leitfaden aufzuzeigen, mit dem Prozessabläufe, bauliche Strukturen und Handlungen erarbeitet werden können. Die Frage, wie das ideale Krankenhaus zu gestalten ist, hängt stark von gesellschaftlichen, wirtschaftlichen oder kulturellen Sichtweisen ab. Eines aber ist sicher: Nur eine strukturierte Planungssystematik, ein sinnvoller Einsatz von Entscheidungsinstrumenten sowie ein handlungsfähiges Planungsteam führen zu einem zeitgemäßen und langfristig nutzbaren Krankenhaus.

Die Herausgeber

Literatur

(Roth 2013) Roth, Carsten; Dombrowski, Uwe; Sunder, Wolfgang; Riechel, Christoph, Zukunftsfähige Gebäudestruktur und Planungsorganisation von Krankenhäusern, in Magazin das Krankenhaus, 2/2013, S. 170–174

(Statistisches Bundesamt 2014) Statistisches Bundesamt, Fachserie 12 Reihe 6.1.1, „Gesundheit, Grunddaten der Krankenhäuser, Wiesbaden 2014, S. 10–11

(Laufer 2012) Laufer, Dr. Roland: Investitionsbewertungsrelationen, Sächsischer Krankenhaustag, Leipzig 2012

Danksagung

Eine Vielzahl an Personen hat durch ihre fachliche und persönliche Unterstützung das Entstehen dieses Buches ermöglicht. Herzlichen Dank gebührt dabei den Institutsleitern Prof. Carsten Roth, Prof. Uwe Dombrowski und Prof. Norbert Fisch für Ihre Beratung der Arbeit und auch für die vielen inhaltlichen und persönlichen Freiheiten während der gesamten Forschungstätigkeit.

Besonderer Dank gebührt den Ärzten, Pflegekräften, und weiteren Mitarbeitern der untersuchten Krankenhäusern, die uns durch ihre Häuser führten, Fragen beantworteten und unsere Datenerhebungen unterstützten.

Auslöser zum Verfassen dieses Buches ist ein vorangegangenes Forschungsprojekt der Forschungsinitiative ZukunftBau des Bundesministeriums für Umwelt, Naturschutz, Bau und Reaktorsicherheit (BBSR 2014). Wir danken denen am Forschungsprojekt beteiligten Industriefirmen (Dräger Medical Deutschland GmbH, Katholischer Hospitalverbund Hellweg, Städtisches Klinikum Braunschweig gGmbH, Miele & Cie. KG, Rhön-Klinikum AG, Schön Kliniken Verwaltung GmbH, Architekturgruppe Schweitzer & Partner, UNITY AG und Wolff & Müller Holding GmbH & Co. KG) für wichtige Anmerkungen aus planerischer, bautechnischer und medizinischer Sicht. Die Bereitstellung von Unterlagen aus der Praxis hat wertvolle Erkenntnisse und Ergebnisse geliefert. Wir danken für die Beratung und Betreuung der Gutachter Frau Meyer-Pfeffermann (Baudirektorin Krankenhausbau, Prüf- und Beratungsstelle KHG, OFD Niedersachsen), Herrn Prof. Dr. Bohne (Institut für Entwerfen und Konstruieren, Leibniz Universität Hannover) und Herrn Dr. med. Tecklenburg (Präsidiumsmitglied der MHH).

Die Autoren

Inhaltsverzeichnis

Autorenverzeichnis

Dipl.-Ing. **Jan Holzhausen** ist Architekt, er lehrt und forscht als wissenschaftlicher Mitarbeiter am Institut für Industriebau und Konstruktives Entwerfen IIKE der TU Braunschweig. In den vergangenen Jahren führte er zahlreiche Lehrveranstaltungen zum Thema Krankenhausbau durch und forscht derzeit an unterschiedlich gelagerten Projekten im Bereich Infrastruktur- und Gesundheitsbau.

Dipl.-Ing. **Philipp Knöfler** ist Architekt und wissenschaftlicher Mitarbeiter am Institut für Gebäude- und Solartechnik. Am Schnittpunkt zwischen Architektur und nachhaltiger Energieversorgung ist er in den Bereichen Lehre und Forschung tätig. Lehrinhalte sind neben architektonischen und bauphysikalischen Fragestellungen, die Bau- und Raumakustik sowie innovative Versorgungskonzepte als integraler Bestandteil der Architektur unter Berücksichtigung verschiedenster Klimaregionen.

Dipl.-Wirtsch.-Ing. **Christoph Riechel** arbeitet seit 2009 als Wissenschaftlicher Mitarbeiter am Institut für Fabrikbetriebslehre und Unternehmensforschung der Technischen Universität Braunschweig. Im Jahr 2013 wurde er zum Fachgruppenleiter der Gruppe Arbeitswissenschaft und Fabrikplanung ernannt.

Dipl.-Ing. **Wolfgang Sunder** ist seit 2008 als wissenschaftlicher Assistent am IIKE an der TU Braunschweig tätig. Neben seinem Fokus auf die Architekturvermittlung für Studenten leitete er Forschungsprojekte im Gesundheitsbau. Seit 2013 ist er auch verantwortlich für den Teilbereich Bau im Forschungsprojekt InfectControl 2020. Parallel zu seiner Forschungstätigkeit ist er Partner im Architekturbüro APP in Hamburg.

Jan Holzhausen, Institut für Industriebau und Konstruktives Entwerfen, TU Braunschweig, j.holzhausen@tu-bs.de, www.iike.tu-braunschweig.de

Philipp Knöfler, Institut für Gebäude- und Solartechnik, TU Braunschweig, knoefler@igs.tu-bs.de, www.igs.bau.tu-bs.de

Christoph Riechel, Institut für Fabrikbetriebslehre und Unternehmensforschung, TU Braunschweig, criechel@ifu.tu-bs.de

Wolfgang Sunder, Institut für Industriebau und Konstruktives Entwerfen, TU Braunschweig, w.sunder@tu-bs.de, www.iike.tu-braunschweig.de

Einleitung

Jan Holzhausen, Philipp Knöfler, Christoph Riechel und
Wolfgang Sunder

Obwohl die Bundesrepublik Deutschland für Ihre Krankenhäuser pro Patient mehr Geld ausgibt, als die meisten Länder der Welt – fast 70 Milliarden Euro zahlen die gesetzlichen Krankenkassen Jahr für Jahr an die Krankenhäuser – sind die deutschen Patienten keineswegs optimal versorgt (BMG 2014). Seit Mitte der 1990er Jahre haben die deutschen Krankenhäuser laut Statistischen Bundesamt 50.000 Krankenpflegestellen abgebaut und die Anzahl der Kliniken hat sich im selben Zeitraum um ca. 30 % verringert (Statistisches Bundesamt 2014). Die Fälle, bei denen sich Patienten mit Krankenhauskeimen infizieren, steigen seit Jahren kontinuierlich. Jedes Jahr sterben daran über 10.000 Menschen in Deutschland, schätzt das Aktionsbündnis Patientensicherheit (Aktionsbündnis 2007).

Damit Krankenhäuser in Zukunft effizienter geplant und betrieben werden können, müssen sie sich den Herausforderungen einer schwierigen Finanzlage, eines zunehmenden Wettbewerbsdrucks, eines veränderten Anspruchs der Patienten oder eines immer kürzeren Innovationszyklus der Medizintechnik stellen.

Dem Krankenhausbau kommt eine Schlüsselfunktion zu. Viele Krankenhausbetreiber arbeiten deshalb mit Hochdruck an der Effizienzsteigerung der Betriebsmittel und organisatorischen Abläufe. Bieten die vorhandenen Krankenhausbauten kaum Möglichkeit mehr, die notwendige Effizienzsteigerung zu erreichen, ist es in vielen Fällen notwendig, die baulichen Strukturen anzupassen.

Unter Leitung des Instituts für Industriebau und Konstruktiven Entwerfen (IIKE), Prof. Carsten Roth, hat ein interdisziplinäres Forschungsteam mit Experten aus den Bereichen Bauwesen, Prozessplanung und Energiedesign der TU Braunschweig das Thema der Zukunftsfähigkeit des Krankenhausbaus aufgegriffen. Im Rahmen des Forschungsprojektes „Praxis: Krankenhausbau" wurde untersucht, wie Planungsprozesse optimiert und hierdurch neue Gebäudestrukturen effizient und nachhaltig gestaltet werden können (BBSR 2014). Neben dem Institut für Industriebau und Konstruktiven Entwerfens (IIKE), bildete das Institut für Fabrikbetriebslehre und Unternehmensforschung (IFU) und das Institut für Gebäude- und Solartechnik (IGS) der TU Braunschweig das interdisziplinäre universitäre Forscherkonsortium. Beteiligt waren zudem Krankenhausträger, Hersteller

© Springer Fachmedien Wiesbaden 2015
C. Roth et al. (Hrsg.), *Zukunft. Klinik. Bau.*, DOI 10.1007/978-3-658-09988-6_1

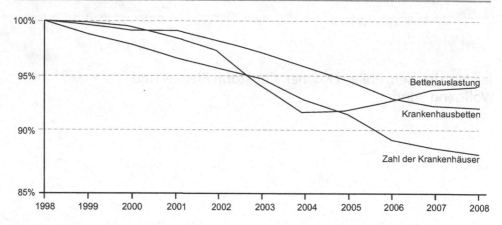

Abb. 1.1 Weniger Krankenhäuser, weniger Betten. (In Anlehnung (Ernst 2010))

medizinischer Geräte, Bauträger und Planer. Das Projekt wurde vom Bundesinstitut für
Bau-, Stadt- und Raumforschung (BBSR), Forschungsinitiative „Zukunft Bau" gefördert
(Aktenzeichen SWD-10.08.18.7-12.07), (s. Abb. 1.1).

1.1   Herausforderungen

Krankenhausbauten stellen die beteiligten Planer, Betreiber und Bauschaffenden aufgrund
ihrer Komplexität vor große Herausforderungen (s. Abb. 1.2). Daraus ergeben sich für
den Krankenhausbau neue Anforderungen. Damit Krankenhäuser zukunftsfähig, nachhaltig und wirtschaftlich erfolgreich arbeiten können, müssen diese flexibel und schnell auf
Veränderungen reagieren können. Die bis heute gängige Praxis von Klinikbetreibern ist,
kurzfristig auf den Bedarf zu reagieren, ohne nachhaltige Absicherung ihrer Anforderungen. Dies hat zur Folge, dass personelle und bauliche Ressourcen verschwendet werden
und die Wettbewerbsfähigkeit der Klinik leidet.

Resultierend aus den Erfahrungen in Praxis und Forschung der beteiligten Institute und
den geführten Gesprächen und Analysen mit Klinikbetreibern, Planern und Unternehmen
der Gesundheitsbranche, konnten die folgenden Defizite im Bereich des Krankenhausbaus
und des Planungsprozesses identifiziert werden:

**Innovationen in der Medizintechnik, neue Behandlungsformen und der demogra-
phische Wandel** üben einen starken Veränderungsdruck aus und erfordern anpassungsfähige, effiziente Gebäudestrukturen und Prozessabläufe. Zulasten der Patienten können
Krankenhausbetreiber diesen Effizienzanforderungen in der Regel durch Einsparungen im
Bereich Personal und Ausstattung oder dem Aufschub notwendiger Investitionen in Gebäudestrukturen nicht gerecht werden.

„Die Auswirkungen einer **mangelnden Gebäudequalität** oder die Chancen, die flexi-
ble und langfristig effizient nutzbare Gebäude bieten, werden von Krankenhausbetreibern

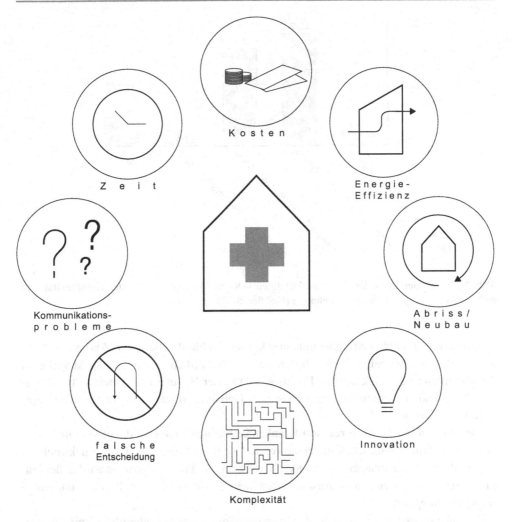

Abb. 1.2 Herausforderungen im Krankenhausbau

zu spät erkannt" (Sunder 2014). Die entstehenden Umbaumaßnahmen führen zu einer starken Einschränkung des laufenden Betriebs.

Der Konkurrenzdruck unter den deutschen Kliniken und die sich ständig verändernden medizinischen, politischen oder baulichen Anforderungen führt zu immer **kürzeren Strategie- und Entscheidungszyklen** (s. Abb. 1.3). Eine fehlende Einbindung aller Planungsbeteiligten kann zu steigenden Planungszeiten und -aufwänden führen, da oft nicht alle relevanten Anforderungen von Anfang an berücksichtigt werden. Nicht definierte Schnittstellen können ebenfalls zu Fehlern und Redundanzen während des Prozessablaufs führen, wodurch eine effiziente, nachhaltige und zielorientierte Planung nicht gewährleistet werden kann.

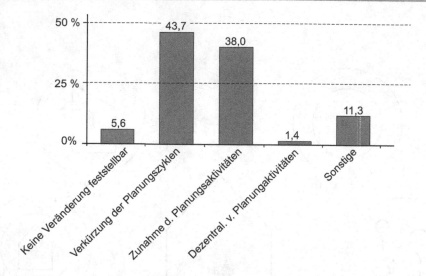

Abb. 1.3 Veränderungen der Planungsaktivitäten – Koinzidenz von steigender Komplexität und verkürzten Planungszyklen. (In Anlehnung (Knöfler 2013))

„Krankenhäuser werden häufig mit einer **kurzen Gebäudelebenszeit** (Abriss statt Umbau) geplant und betrieben. Durch diesen stark wirtschaftlich geprägten Aspekt verlieren Krankenhäuser den Blick auf ihre Funktion als Ort der Heilung und Arbeitsstätte" (Sunder 2014). Zudem werden Investitionen in neue Gebäudestrukturen zugunsten temporärer Lösungen verzögert.

Der **hohe Komplexitätsgrad** von Krankenhausbauten kann eine detaillierte und vollständige Informationsbeschaffung erschweren. Der hohe Kosten- und Zeitdruck führt zu fehlerhaften Entscheidungen der Krankenhausträger. Im Planungsprozess wird außerdem zu spät das Fachwissen von interdisziplinären Teams (wie Architekten, Prozess- und Energieplaner) integriert.

„Krankenhäuser verwenden in den meisten Fällen **starre Gebäudetechnik**, die zu mangelnder Energieeffizienz führt und nicht auf Veränderungen der Anforderung reagieren kann. Aufgrund steigender Energiekosten erhöht sich der Druck bei Krankenhausbetreibern, Einsparungen im Bereich Energie voranzutreiben" (Sunder 2014). Verstärkt wird dieser Druck mit dem Ziel der Bundesregierung, die CO_2-Emissionen bis zum Jahr 2020 (bezogen auf 1990) um 40 Prozent zu senken (Dickhoff 2011).

Anstelle von Planungsexperten im Krankenhausbau beeinflussen Betriebswirtschaftler oder Betreibergremien die Gestaltung von Krankenhausbauten, obwohl diese als eigenständiger Gebäudetypus eine hohe gesellschaftliche Präsenz besitzen. So werden jährlich in Deutschland ca. 17,1 Millionen Menschen in über 1900 Krankenhäusern von 2,1 Millionen Menschen behandelt (Statistisches Bundesamt 2014). Das Krankenhaus dient somit jedem vierten Bundesbürger als Ort der Heilung oder als Arbeitsstätte und hat als Gebäude einen entscheidenden Einfluss auf das Wohlbefinden vieler Menschen.

1.2 Ziele

Die Planung und Realisierung eines komplexen Krankenhausbaus gelingt nur mit hohem Aufwand und umfassender Expertise der beteiligten Parteien. Findet dies zu wenig Beachtung, führt es in der Bauphase zu hohen Zeit- und Qualitätsverlusten und einhergehenden Kostenexplosionen. An diesem Punkt setzt das vorliegende Buch an. Aufbauend auf der Expertise der beteiligten Institute wird die Initiierung komplexer Krankenhausbauten und insbesondere die planungsvorbereitenden Prozesse detailliert analysiert und in einem interdisziplinären Verfahren optimiert. Die Fokussierung auf die Frühphase LP 0 wird gewählt, da dort die Grundlagen gelegt und die Einflussnahme am größten ist. Die Untersuchung der oben genannten Defizite im aktuellen Planungs- und Baugeschehen von Krankenhäusern liefert wertvolle Erkenntnisse für den Aufbau folgender innovativer Lösungsansätze:

1.2.1 Hauptziel: Strukturierung Planungssystematik der Projektinitiierung

Der erste Schwerpunkt des Planungshandbuches liegt auf der Konzeption einer effizienten Planungssystematik. Eine vollständige, schlüssige und wenig änderungsanfällige Planung ist der Schlüssel zur nachhaltigen Kosten- und Terminsteuerung. Da die Versäumnisse der Projektbeteiligten in vielen Fällen schon vor Beginn der konkreten Planung auftreten und somit die Grundlage für eine nachhaltige Planung nicht besteht, ist eine vertiefte Analyse der Projektvorbereitung und -initiierung unabdingbar. Bereits durch minimale Fehleinschätzungen oder eine inkonsistente Datenlage in dieser Frühphase sind Störungen in den nachfolgenden Phasen vorprogrammiert. Liegen jedoch größere Defizite vor, sind die Folgen kaum absehbar. Ziel ist es, das Ausmaß von Änderungen und Störungen zu minimieren, um damit unvorhersehbare Kostenentwicklungen und Terminüberschreitungen vorzubeugen. Erfahrungsgemäß ist der Versuch, ein Projekt nachträglich zu optimieren, sehr aufwendig und teilweise sogar kontraproduktiv. Das Buch setzt daher in der Phase der Projektvorbereitung und -initiierung an. Diese wird in der Literatur angelehnt an die Leistungsphasen 1 bis 9 der Honorarordnung für Architekten und Ingenieure (HOAI) häufig auch mit Leistungsphase 0 (LPH 0) bezeichnet. In dieser strategischen Phase werden die Weichen für alle kommenden Aktivitäten gestellt (s. Abb. 1.4).

Abb. 1.4 Undefinierte und definierte Phasen von der Idee bis zum realisierten Krankenhausgebäude

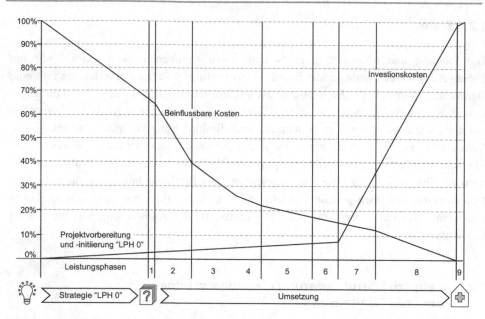

Abb. 1.5 Kostenbeeinflussbarkeit im Projektverlauf. (In Anlehnung an (Fran 1992))

Während der Projektvorbereitung und -initiierung sind die Investitionskosten noch sehr gering. Die Kosten betragen ca. 1–2 % der gesamten Investitionskosten (Volkmann 2003). Dem gegenüber ist Kostenbeeinflussung in dieser Phase noch besonders hoch. Hieraus wird die Notwendigkeit eines strukturierten Planungsprozesses in dieser Projektphase sehr deutlich. Die Fokussierung auf die frühe Planungsphase wurde gewählt, da die Grundlagen gelegt und die Hebelwirkungen am größten sind (s. Abb. 1.5).

Insbesondere bei komplexen Krankenhausbauten sind im Vorhinein nicht alle Aspekte abschließend planbar. Hieraus darf nicht der Schluss gezogen werden, sich mit diesen überhaupt nicht zu beschäftigen. Vielmehr müssen die im Projektverlauf vorhandenen Alternativen und die erforderlichen Konkretisierungen vorweggedacht und die resultierenden Konsequenzen ermittelt und kommuniziert werden.

1.2.2 Hauptziel: Ganzheitliche Integration der Disziplinen

Probleme bei der Nutzungsqualität und Wandlungsfähigkeit von Krankenhausbauten sind oftmals begründet in einer mangelnden Kommunikation und einem fehlenden gegenseitigem Verständnis der planenden und ausführenden Partner. Hierbei stellt sich die besondere Herausforderung, die Partner aus den unterschiedlichsten Disziplinen wie Architekten, Bauingenieure, Prozessplaner, Energiedesigner, Klinikbetreiber und das bauausführende Gewerbe zu koordinieren und Kommunikationsschnittstellen zu definieren. Die Definition von Schnittstellen der drei Disziplinen Bau, Energie, Prozessablauf und die vorar-

Abb. 1.6 Schnittmenge der
Disziplinen

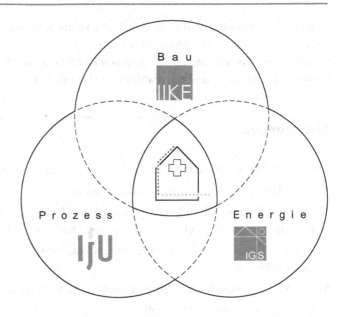

chitektonischen Leistungen (Bedarfsplanung, Raum- und Funktionsplanung, etc.) sind
entscheidende Kriterien für die Umsetzung qualitativ hochwertiger Gebäudestrukturen
(s. Abb. 1.6). Hier gilt es den Einflussbereich der Fachplaner in diesen Phasen zu stärken und die Anwendung von moderner Planungsmethoden im Rahmen einer integralen
Planung zu verdeutlichen.

1.2.3   Hauptziel: Entwicklung Planungs- und Entscheidungsinstrumente

Als drittes Ziel dieses Handbuches gilt es zu definieren, wie Methoden und Werkzeuge
der drei Disziplinen Bau, Prozess und Energie den Planungsprozess zur Informationsfin-
dung optimal unterstützen können. Hierzu wird ein umfangreicher Katalog von Methoden
und Werkzeugen erstellt, der die Anwendbarkeit in der Praxis beschreibt sowie Vor- und
Nachteile aufführt. Um zukunftsfähige Ziele, wie Wandlungsfähigkeit oder Nachhaltigkeit im Krankenhausbau erreichen zu können, ist der effiziente und richtige Einsatz von
Kompetenzen zwingend notwendig. Dazu hat das Forscherteam Qualitätsanforderungen,
wie z. B. Fach-, Methoden- und Sozialkompetenz der beteiligten Akteure des Planungsprozesses entwickelt, die zur Erfüllung von bestimmten Tätigkeiten notwendig sind.

Der Werkzeugkatalog mit aktuellen und neuen Methoden, die strukturierte Planungssystematik und die entwickelte Projektmanagement-Pyramide bilden im Zusammenspiel
einen umfassenden und auf die einzelnen Akteure zugeschnittenen Vorgehensweise für
die Planung und Umsetzung von komplexen Krankenhausbauten. Besonders die Bündelung und systematische Aufbereitung der Planungs- und Steuerungsmethoden stärkt die
Kommunikationsfähigkeiten aller an diesen Prozessen beteiligten internen und externen

Akteure. Das Verständnis für die Arbeit der Fachplaner, die Ziele des Bauherrn und die Interessen z. B. der Nutzer (Mitarbeiter und Patienten) bilden wichtige Bausteine für die Entschärfung, Vorbeugung und Lösung von Konflikten, die als unumgängliche Herausforderungen im Krankenhausbau bewältigt werden müssen.

Abbildungen

Abb. 1.1 Weniger Krankenhäuser, weniger Betten. (In Anlehnung Erns 2010)

Abb. 1.2 Herausforderungen im Krankenhausbau

Abb. 1.3 Veränderungen der Planungsaktivitäten – Koinzidenz von steigender Komplexität und verkürzten Planungszyklen. (In Anlehnung Knöfler 2013)

Abb. 1.4 Undefinierte und definierte Phasen von der Idee bis zum realisierten Krankenhausgebäude

Abb. 1.5 Kostenbeeinflussbarkeit im Projektverlauf. (In Anlehnung an Fran 1992)

Abb. 1.6 Schnittmenge der Disziplinen

Literatur

(Aktionsbündnis 2007) Aktionsbündnis Patientensicherheit, Agenda Patientensicherheit 2007, Witten 2007, S. 15

(BBSR 2014) Bundesinstitut für Bau-, Stadt- und Raumforschung (BBSR) im Bundesamt für Bauwesen und Raumordnung (BBR), Forschungsarbeit „Handbuch zur interdisziplinären Planung und Realisierung von zukunftsfähigen Krankenhäusern" (Kennzeichen SWD-10.08.18.7-12.07), Projektlaufzeit 26.05.2012-31.08.2014

(BMG 2014) Bundesministerium für Gesundheit (BMG), Einnahmen und Ausgaben der gesetzlichen Krankenversicherung, KJ 1Statistik, Stand 27.05.2014

(Dickhoff 2011) Dickhoff, A.: Energie sparendes Krankenhaus – Gütesiegel BUND. http://www. energiesparendes-krankenhaus.de/, 21.06.2011.

(Knöfler 2013) Knöfler, P.; Riechel, C.; Holzhausen, J.; Sunder, W.: Praxis: Krankenhausbau – Demoskopische Untersuchung bundesdeutscher Krankenhäuser, 2013

(Volkmann 2003) Volkmann, Projektabwicklung: für Architekten und Ingenieure; Handbuch für die planerische und baupraktische Umsetzung, 2003, S. 115

(Statistisches Bundesamt 2014) Statistisches Bundesamt, Fachserie 12 Reihe 6.1.1, „Gesundheit, Grunddaten der Krankenhäuser", Wiesbaden 2014, S. 10–11

(Sunder 2014) Sunder, W., Praxis: Krankenhausbau, Zukunft bauen, Forschungsinitiative Zukunft Bau 2014, Magazin des Bundesministerium für Umwelt, Naturschutz, Bau und Reaktorsicherheit (BMUB), 2014, S. 86–89

Planungssystematik der Leistungsphase Null von Krankenhäusern

Jan Holzhausen, Philipp Knöfler, Christoph Riechel und Wolfgang Sunder

2.1 Systematik

Eine erfolgreiche zukunftsfähige Krankenhausplanung ist nur durch eine stringente Planungssystematik möglich. Diese besteht aus drei Komponenten: Ausgangspunkt ist die präzise Definition und Bearbeitung der Planungsphasen. Diese Beschreibung des Planungsprozesses stellt die übergeordnete Metaplanung dar. Im Folgenden wird diese als die „**Sieben Phasen der strategischen Planung**" behandelt (s. Abschn. 2.3).

Zur Unterstützung einer strukturierten Informationsbeschaffung und -aufbereitung der Inhalte der einzelnen Planungsphasen werden *Planungs- und Entscheidungsmethoden* zur Verfügung gestellt. Diese zweite Komponente wird auch als **Methodenkatalog** bezeichnet (s. Abschn. 2.5).

Dritte Komponente der Planungssystematik ist das Aufsetzen einer **Kompetenzen- und Teamstruktur**. Neben der Informationsbeschaffung über den Methodenkatalog ist die Weitergabe dieser Information an Empfänger mit unterschiedlichem Wissensniveau in strukturierter Form unumgänglich. Aufgrund dieser Struktur wird hier auch von der „*Planerpyramide*" gesprochen (s. Abschn. 2.4).

Die gewählte Systematik der Leistungsphase Null bildet im Zusammenspiel einen umfassenden und auf die einzelnen Akteure zugeschnittenen Wissensschatz für die Planung von Krankenhäusern. Besonders die Bündelung und systematische Aufbereitung der Planungs- und Entscheidungsmethoden gekoppelt mit der Kompetenzen- und Teamstruktur stärkt die Kommunikationsfähigkeiten aller an diesen Prozessen beteiligten Akteuren. Das Verständnis für die Arbeit der Fachplaner, die Ziele des Bauherrn und die Interessen z. B. der späteren Nutzer der Immobilien, wie Pflegekräfte oder Ärzteschaft, bildet einen wichtigen Baustein für die Entschärfung, Vorbeugung und Lösung von Konflikten, die als unumgängliche Herausforderungen in komplexen Bauvorhaben wie dem Krankenhaus bewältigt werden müssen.

Insgesamt wird die Optimierung der Leistungsphase Null von Krankenhäusern den Planungsprozess stabilisieren und damit in der Konsequenz einen weniger störungsan-

© Springer Fachmedien Wiesbaden 2015
C. Roth et al. (Hrsg.), *Zukunft. Klinik. Bau.*, DOI 10.1007/978-3-658-09988-6_2

Abb. 2.1 Die drei Komponenten der Planungssystematik

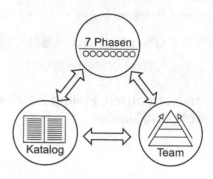

fälligen Planungs- und späteren Bauablauf schaffen. Dies führt unweigerlich zu hohen Kosteneinsparungen sowie einer steigenden Terminsicherheit. Die im Verhältnis zu den Gesamtkosten eines Bauprojektes getätigten Mehrausgaben in der Phase Null können Kostenexplosionen wie bei verschiedenen thematisch ähnlich gelagerten komplexen Bauvorhaben derzeit festzustellen sind verhindern.

2.2 Anwendung

Die Methoden und Werkzeuge der Systematik lassen sich in verschiedener Form anwenden und übertragen. Es lassen sich zwei grundlegende Anwendungsbereiche definieren. Zum einen kann die Systematik vorwärtsorientiert angewendet werden, dass bedeutet bevor es zu konkreten Bauaufgaben kommt. Zum anderen kann eine rückwärtsgerichtete Analyse von erfolgten Bauaufgaben stattfinden, um mögliche Fehler oder Probleme aufzudecken und deren Ursache zu finden. Entscheidend für den Rückblick ist eine möglichst umfangreiche Dokumentation der Vorgänge und Entscheidungen, die zu bestimmten Aktionen geführt haben. Diese Herangehensweise bietet im Anschluss die Möglichkeit, die Erkenntnisse für Folgeprojekte zu verwenden und im besten Fall erneute Fehler zu vermeiden.

Vorwärtsgerichtete Anwendung Die Systematik bietet die Möglichkeit aus einfachen Handlungsabläufen und den dazugehörigen Methoden und Werkzeugen objektive Entscheidungen zum richtigen Zeitpunkt zu treffen. Zudem werden Hinweise gegeben, wann welche Informationen vorhanden sein sollten. Sind Informationen bei Bedarf direkt

Abb. 2.2 Anwendungsrichtung

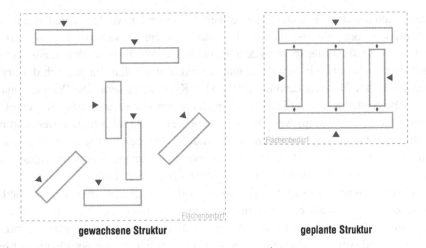

gewachsene Struktur   geplante Struktur

Abb. 2.3 Masterplanung Gebäude

verfügbar, können Verzögerungen im Bauablauf vermieden und Unstimmigkeiten der beteiligten Planer reduziert werden. An dieser Stelle empfiehlt es sich bereits die Planerpyramide (Abschn. 2.4 Kompetenzen und Teamstruktur) anzuwenden. Sind Entscheidungsträger und Strukturen von Anfang an geklärt, kann wertvolle Zeit zu Beginn eines Projektes gespart werden. Wenn Informationsquantität und -qualität in entsprechendem Umfang vorhanden sind, lassen sich Entscheidungen projektstärkend treffen und begründen.

Die vorwärtsgerichtet Anwendung verfolgt das Hauptziel einer strukturierten Planung, so dass durch die Bewertung und Analyse der Entscheidungen in einem Bauprozess möglichst alle Alternativen geprüft werden. Wenn die erforderliche Objektivität gewährleistet werden kann, ergibt sich daraus das Potenzial einer zukunftsfähigen Planung. Der Grund hierfür liegt in der Abwägung der Entscheidungen, die neben demografischen Faktoren, medizinischen und menschlichen Aspekten auch Umnutzungs- und Erweiterungsszenarien sowie wirtschaftliche Potenziale nutzbar macht. Somit kann trotz eingeschränkter Zuverlässigkeit von Prognosen flexibel auf Veränderungen reagiert werden. Insbesondere die Entscheidungen hinsichtlich der baulichen Auslastung, die immer mit einem hohen monetären Aufwand einhergeht, kann zuverlässiger bewertet werden. Leerstand und organisatorisch eingeschränkte Nutzbarkeiten lassen sich vermeiden, und dafür langfristig optimale Strukturen generieren.

Rückwärtsgerichtete Anwendung Die analytische Anwendung kann an jedem komplexen Planungsobjekt erfolgen. Die Anwendbarkeit konnte bereits im Forschungsbereich verifiziert werden und bestätigt die praxisorientierte Nutzbarkeit der Systematik. Ist eine entsprechende Dokumentation vorhanden, lassen sich ungenutzte Potenziale aufdecken. Werden bei der rückwärtsgerichteten Anwendung Aspekte aufgedeckt, können die Erkenntnisse genutzt und an anderer Stelle weiter verwendet werden. Auch wenn keine Dokumentation vorhanden ist, können Bestandsstrukturen systematisch analysiert und gegebenenfalls Optimierungspotenziale aufgedeckt werden. Insbesondere realisierte Projekte können im Nachhinein betrachtet und interpretiert werden. Im Bereich der organisatorischen Entscheidungen kann in bestehenden Krankenhäusern eine Potenzialanalyse erfolgen. Die Systematik kann in sämtlichen Bereichen der Krankenhauslandschaft Anwendung finden. Unabhängig von Art oder Größe eines Krankenhausbetriebes können die wichtigsten Parameter zusammengestellt und nutzbar gemacht werden. Anhand von Benchmarks (Abschn. 2.5.3.3) ist auch der Quervergleich unterschiedlicher Häuser möglich und kann bei zu treffenden Entscheidung nützlichen Inhalt liefern.

Der praxisorientierte Bezug der Systematik soll dazu dienen, dem Planer nützliche Hinweise zu geben, worauf bei einer zukunftsfähigen Planung zu achten ist. Welche Informationen sind unbedingt erforderlich, welche Personen sollten im Planungsprozess beteiligt sein und welche Entscheidungen sind maßgeblich für die Nachhaltigkeit eines Projektes. Die Kombination mit den vorgeschlagenen Methoden und Werkzeugen soll ergänzend den Ausblick geben, tradierte und nicht mehr zeitgemäße Strukturen zu hinterfragen und neue Wege einzuschlagen. Innovatives Denken und fortschrittliches Handeln werden im Krankenhausbereich häufig durch eine rückständige Strukturierung verhindert. Wurden Maßnahmen auf dieselbe Art umgesetzt, bedeutet dies nicht zwangsweise einen zeitgemäßen Umgang mit aktuellen Aufgaben. Die Anwendung der Systematik soll die Motivation zu innovativem Handeln geben und auch zu einer kritischen Hinterfragungen bisheriger Planung anregen. Interdisziplinäres Handeln, der kommunikative Austausch zwischen unterschiedlichsten Fachplanern und Fachrichtungen und die Integration von innovativ denkenden Fachleuten können zu einem Mehrwert für alle Beteiligten führen – vom Personal bis hin zum Patienten.

2.3   Die sieben Phasen der strategischen Planung

Die Neuentwicklung eines strukturierten Aufbaus der Leistungsphase Null wurde aus zwei individuellen Ansätzen hergeleitet. Zum einen wurde in Expertengesprächen mit Betreibern und Planern von Krankenhausbauten in immer wieder vertiefenden Arbeitssitzungen die Leistungsphase Null beschrieben. Hierbei wurden einzelne Phasen und Subphasen konkretisiert, iterative Planungsschleifen ausgemacht und zum Abschluss jeder Arbeitsgruppe visualisiert.

Parallel dazu wurden Planungsstrategien benachbarter Disziplinen gesichtet, strukturiert aufbereitet und auf den Krankenhausbau übertragen. Hierbei eigneten sich die bereits vorhandenen Kenntnisse aus dem Bereich des Industriebaus und der Produktentwicklung, im Besonderen die wissenschaftlichen Arbeiten im Bereich der Fabrikplanung.

Zur Planung von Fabriken oder ähnlich komplexen Strukturen haben sich in der wissenschaftlichen Praxis seit den 1980er Jahren unterschiedliche Vorgehensweisen entwickelt. Der Planungsprozess steht hierbei als Inbegriff für alle Abläufe zur Analyse, Lösungs-

Grundig (2000)	Ziel-planung		Vor-planung	Grobplanung	Fein-planung	Ausführungs-planung	Ausührung
Wiendahl (2000)	Ziel-planung	Betriebs-analyse	Vor-planung	Dimensionierung Idealplanung	Real-planung	Ausührungs-planung	
REFA (1991)	Ziel-konzeption	Standort-umwelt-analyse Betriebs-analyse		Idealplanung		Ausührungs-planung	
Kettner, Schmidt, Greim (1991)	Ziel-planung		Vor-planung	Grobplanung	Fein-planung	Ausührungs-planung	Ausührung
VDI 5200 (2009)	Ziel-festlegung	Grundlagen-ermittlung		Konzeptplanung	Detail-planung	Ausührungs-planung	Realisierungsüberw. Hochlaufbetreuung
HOAI (2009)		Grundlagen-ermittlung	Vor-planung	Entwurfsplanung	Genehmi-gungs-planung	Ausührungsplanung Vergabe	Objektüberwachung Objektbetreuung

Neu-Ideal 7 Phasen	Initial-phase	IST-Analyse +Bewertung	Bedarfs-planung	Ziel-definition	Machbarkeit + Varianten	Organi-sation	Zielformulierung + Dokumentation	HOAI

Abb. 2.4 Planungsvorgehen bei der Planung komplexer Strukturen und der Übertrag zur Idealen Planung. (In Anlehnung an (Grundig 2009), (Wiendahl 1996), (Refa 1992), (Kettner 1984), (Vere 2009), (HOAI 2009))

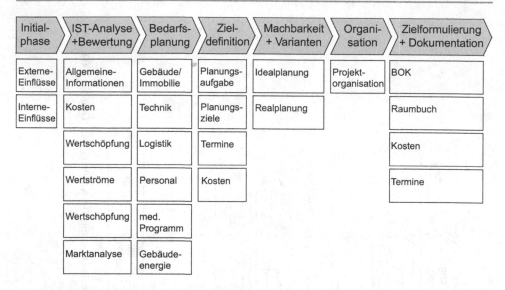

Initial-phase	IST-Analyse +Bewertung	Bedarfs-planung	Ziel-definition	Machbarkeit + Varianten	Organi-sation	Zielformulierung + Dokumentation
Externe-Einflüsse	Allgemeine-Informationen	Gebäude/Immobilie	Planungs-aufgabe	Idealplanung	Projekt-organisation	BOK
Interne-Einflüsse	Kosten	Technik	Planungs-ziele	Realplanung		Raumbuch
	Wertschöpfung	Logistik	Termine			Kosten
	Wertströme	Personal	Kosten			Termine
	Wertschöpfung	med. Programm				
	Marktanalyse	Gebäude-energie				

Abb. 2.5 Die sieben Phasen der strategischen Planung – inkl. Subphasen

findung sowie Bewertung. Die hierzu notwendigen Phasen gestalten sich sehr komplex, da die umzusetzenden Konzepte von einer Vielzahl differenzierter Einflussfaktoren abhängen und der Zielzustand in der Zukunft liegt. Die folgend dargestellten Planungsprozesse sind in abgrenzbare und logisch strukturierte Phasen aufgeteilt.

Die gebündelten Erkenntnisse aus den Experten-Arbeitsgruppen und der Übertrag aus den benachbarten Disziplinen münden gemeinsam in einem idealen Planungsprozess der Leistungsphase Null.

Diese Leistungsphase Null ist wiederum in sieben Phasen unterteilt, die jeweils ein in sich geschlossenes Planungspaket darstellen. Am Ende jeder Phase steht die Bewertung der Ergebnisse mit anschließender Entscheidung des weiteren Vorgehens. Eine jede Phase wird so oft ein iteratives Verfahren durchlaufen bis die Entscheidung getroffen wird, dass der Übergang in die nächste strategische Phase vollzogen werden kann.

Im Folgenden werden die sieben Phasen der strategischen Planung, der sogenannte Leistungsphase Null, im Einzelnen beschrieben. Um den Dreiklang der einzelnen Komponenten der Planungssystematik herzustellen, wird es zu jeder Phase Empfehlungen zu möglichen Planungs- und Entscheidungsmethoden und hierdurch auch zur Kompetenzen- und Teamstruktur geben.

Diese Empfehlungen stehen in tabellarischer Form am Ende jeder Planungsphase und verweisen auf ein entsprechendes Kapitel dieses Buches. Des Weiteren soll ein Ranking der Methoden die Entscheidungsfindung zur individuellen Wahl einer Methode weiter vereinfachen.

Beispiel für die Empfehlung zu Planungs- und Entscheidungsmethoden am Ende jeder Planungsphase:

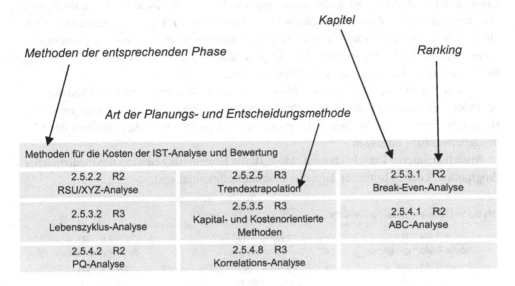

Ranking: Höhe des Schwierigkeitsgrades der Anwendung der Methode:

R1 Aufwand gering, i. d. R. mit eigenem Personal möglich.
R2 Aufwand hoch, i. d. R. mit eigenem Personal möglich.
R3 Aufwand hoch, externe Unterstützung/Fachpersonal erforderlich.

Weitere Erläuterungen zum Ranking siehe Abschn. 2.5 Methodenkatalog.

Es wird darauf hingewiesen, dass es sich um eine abstrahierte und nicht allumfassende Darstellung von zu bearbeitenden Arbeitsfeldern und Phasen handelt. Die gezeigte strategische Planung stellt ein offenes System dar, dass neue Entwicklungen in die Planungssystematik aufnehmen kann.

2.3.1   Initialphase

Initial-phase	IST-Analyse +Bewertung	Bedarfs-planung	Ziel-definition	Machbarkeit + Varianten	Organi-sation	Zielformulierung + Dokumentation

Aufbauend auf einem kontinuierlichen Monitoring von beispielsweise der Wettbewerbssituation der Krankenhauslandschaft oder der Veränderung der gesetzlichen Rahmenbedingungen wird in dieser ersten Phase des Planungsprozesses die Entscheidung darüber getroffen, ob ein Planungsprojekt initiiert wird.

2.3.1.1 Auslöser: Interne und externe Einflüsse und Treiber

Es können verschiedene Einflüsse und Treiber als Auslöser für die Entscheidung zur Initiierung einer Planung des Krankenhauses ausgemacht werden. Diese können interner und externer Natur sein. Zum einen können es Veränderungen im *Versorgungsauftrag* sein. Diese gehen mit einer *gesellschaftlichen Verpflichtung* einher, ein bestimmtes *medizinisches Angebot* zur Verfügung zu stellen. Gegebenenfalls muss in diesem Zusammenhang über eine Expansionsstrategie nachgedacht werden.

Ebenso können sich *Gesetze und Normen* in allen Bereichen des Krankhauswesens verändern. Hierauf muss der Krankenhausbetreiber reagieren und zur Lösung der neuen Herausforderungen die Methoden der Prognose in diesem sehr frühen Stadium der Planungsbetrachtung einsetzen.

Auch hausinterne Entscheidungen, wie z. B. die Erweiterung bestimmter medizinscher Programme, können Initialzünder neuer Planungstätigkeiten sein.

Methoden für die Auslöser der Initialphase		
2.5.2.4 R3 Globale Bedarfsprognose	2.5.2.5 R3 Trendextrapolation	2.5.2.6 R3 Szenariotechnik
2.5.2.7 R3 Spieltheorie	2.5.3.3 R2 Benchmarking	2.5.4.3 R1 Befragung
2.5.4.5 R2 Nutzwert-Analyse	2.5.4.6 R2 Einfache Punktbewertung	2.5.4.8 R3 Korrelations-Analyse
2.5.4.9 R3 Cluster-Analyse	2.5.4.10 R2 Kano-Modell	2.5.4.12 R2 Risiko-Analyse
2.5.5.15 R3 Failure Mode and Effect Analysis FMEA		

2.3.2 IST-Analyse und Bewertung

Initial-phase	IST-Analyse +Bewertung	Bedarfs-planung	Ziel-definition	Machbarkeit + Varianten	Organi-sation	Zielformulierung + Dokumentation

Die Analysephase beginnt mit der Beschreibung und Definition des Analysegegenstandes. Für die Analyse muss ein geeigneter Betrachtungszeitraum zugrunde gelegt, repräsentative medizinische Verfahren ausgewählt und der zu analysierende Bereich eingegrenzt werden. Im Anschluss daran sind die zu erfassenden Daten und die Informationsquellen dieser Daten zu bestimmen und über geeignete Methoden, wie beispielsweise die Nutzwertanalyse, zu entscheiden.

2.3.2.1 Allgemeine Informationen

Grundlegende Informationen müssen zunächst zum eigentlichen *Gebäude*, der **Krankenhaus-Immobilie** gesammelt werden. Hierbei geht es um das *Bauwerk* und seine zugehörigen *Außenanlagen*. Noch weiter gefasst muss das *Grundstück* sowie der *Standort* bewertet werden.

Zur Analyse der **Technik** wird dieser Bereich in vier Gruppen aufgeteilt. Man muss hierbei zwischen *Medizintechnik*, der technischen Gebäudeausrüstung *(TGA)*, der Informationstechnik *(IT/EDV)* und der *sonstigen Betriebstechnik* unterscheiden. Die sonstige Betriebstechnik beinhaltet die *Küche, die zentrale Sterilgutaufbereitung, Wäscherei, das Labor etc.*

Zur allgemeinen Information gehört auch die Analyse der Betrachtung der **Logistik**. Diese muss in den Teilbereichen *Transport, Lager, Verkehrsanbindung* und *Infrastruktur* analysiert werden.

Bei der Analyse des **Personals** wird differenziert nach *Personalstruktur, Personalqualifikation* und *Personalanzahl*.

Die Analyse des **medizinischen Programms** wird unterschieden in das *aktuelle* und das *zukünftige*. Bei beiden Betrachtungen fließen als wesentliche Faktoren das *Personal*, die *Behandlung bzw. das medizinische Verfahren* sowie die *Schwerpunktbildung* mit ein. Da es sich um ein komplexes Themenfeld handelt stehen hier auch entsprechend mehrere Methoden zur Informationsgewinnung bereit.

Methoden für die Allgemeinen Informationen der IST-Analyse und Bewertung		
2.5.1.1 R3 Personalbemessung	2.5.1.2 R3 Kennzahlenmethode	2.5.1.3 R3 Stellenplanmethode
2.5.2.1 R3 Delphi-Methode	2.5.2.2 R2 RSU/XYZ-Analyse	2.5.3.1 R2 Break-Even-Analyse
2.5.3.2 R3 Lebenszyklus-Analyse	2.5.4.1 R2 ABC-Analyse	2.5.4.2 R2 PQ-Analyse
2.5.4.3 R1 Befragung	2.5.4.7 R2 Box-Plots	2.5.4.8 R3 Korrelations-Analyse
2.5.4.9 R3 Cluster-Analyse	2.5.6.4 R2 Top Down – Bottom Up	

2.3.2.2 Kosten

Die Analyse der **Kosten** erstreckt sich parallel zu allen Themen der allgemeinen Informationen. So müssen Kosten ermittelt werden zu der *Immobilie*, deren *Technik* und *Energie*verbrauch. Ebenso müssen Angaben verifiziert werden zur *Logistik*, dem *Personal* und dem *medizinischen Programm*.

Methoden für die Kosten der IST-Analyse und Bewertung		
2.5.2.2 R2 RSU/XYZ-Analyse	2.5.2.5 R3 Trendextrapolation	2.5.3.1 R2 Break-Even-Analyse
2.5.3.2 R3 Lebenszyklus-Analyse	2.5.3.5 R3 Kapital- und Kostenorientierte Methoden	2.5.4.1 R2 ABC-Analyse
2.5.4.2 R2 PQ-Analyse	2.5.4.8 R3 Korrelations-Analyse	

2.3.2.3 Wertschöpfung

Das **medizinisch technische Angebot** steht im Fokus der Analyse der Wertschöpfung. Generell wird hierbei unterschieden nach *wertschöpfenden* Prozessen, wobei die Art bzw. das Verfahren der Wertschöpfung von Belang ist, und nach *nicht wertschöpfenden* Prozessen. Bei letzteren müssen die *Arbeitsvorbereitung, Logistik* und alle *weiteren Support-Prozesse* analysiert werden.

Hauptaugenmerk sollte hierbei auf die wirtschaftlich relevanten Bereiche gelegt werden. Wertschöpfende Prozesse wären somit zu untersuchen, die geprägt sind durch einen hohen Einsatz von Medizintechnik und qualifiziertem Personal. Diese Prozesse finden in den Bereichen Operationen und Diagnostik statt.

Methoden für die Wertschöpfung der IST-Analyse und Bewertung		
2.5.5.1 R2 Patientenflussdesign	2.5.5.5 R2 Business Processing Modelling Notation BPMN	2.5.5.18 R3 Simulation (Ergonomie, Ablauf, Thermisch, Delmia)

2.3.2.4 Wertströme/Ressourcenflüsse

Als übergeordnete wertschöpfende Prozesse werden als erstes die **medizinischen Prozessabläufe** analysiert. Hierbei werden die *Gesamtabläufe* im Zusammenhang und die *Einzelabläufe* im speziellen betrachtet.

Informationen müssen eingeholt werden über die *Schnittstellen, Wege* sowie den *In- und Output* der Prozesse.

Bei der Betrachtung der Analyse der **Personal- bzw. Personenflüsse** muss unterschieden werden nach *Patient*, hier nochmals untergliedert nach Regel- oder Spezialfall, dem *Arzt oder der Pflege*, dem *Betrieb und Service*, unterteilt in Personal für medizinische Abläufe und restliches Personal und in den *Besucherstrom*.

Bei den Wertströmen, die sich auch mit dem **Material** befassen, sollte besonderes Augenmerk auf *die medizinischen Verbrauchsmaterialien, Werkzeuge, OP-Besteck* und *Medikamente* gelegt werden.

Wertströme und Ressourcenflüsse können über Sankey-Diagramme (Abschn. 2.5.5.6) visualisiert und damit für viele unterschiedlich vorgebildete Betrachter ausgewertet werden.

Methoden für die Wertströme/Ressourcenflüsse der IST-Analyse und Bewertung		
2.5.2.2 R2 RSU/XYZ-Analyse	2.5.3.4 R2 Transportkostenorientierte Methode	2.5.4.1 R2 ABC-Analyse
2.5.4.4 R2 Multimoment-Verfahren	2.5.5.1 R2 Patientenflussdesign	2.5.5.6 R2 Sankeydiagramm
2.5.5.7 R1 Strukturdiagramm	2.5.5.8 R3 Warteschlangen-/Bedientheorie	2.5.5.11 R2 Von-Nach-Matrix
2.5.5.12 R3 Aufbau-/Dreieckverfahren	2.5.5.17 R3 Planungstisch	2.5.5.18 R3 Simulation (Ergonomie, Ablauf, Thermisch, Delmia)
2.5.5.19 R2 Ideales Funktionsschema	2.5.6.4 R2 Top Down – Bottom Up	

2.3.2.5 Marktanalyse

Bei der Marktanalyse wird unterschieden zwischen *rückblickender* und *zukünftiger* Situation. Bei der Analyse der zukünftigen Marktsituation betrachtet man den zeitlichen Horizont *kurz-, mittel- und langfristig*.

Drei Formen der Analyse sollten zur Evaluation des Marktes durchgeführt werden. Zunächst die Betrachtung des **Bedarfs** und der **Nachfrage**. Beobachtet werden müssen die *Markt- und Bevölkerungsentwicklung*, sowie die Entwicklung der verschiedenen *Krankheitsbilder*.

Im Weiteren ist eine **Konkurrenzanalyse** zweckmäßig. Hierbei sollten eine *Firmenanalyse*, das *Marketing* und das *medizinische Programm* konkurrierender Häuser genauer betrachtet werden.

Abschließend werden über eine **Potenzialanalyse** die eigenen Stärken herausgearbeitet und ein Bezug zur Marktentwicklung geschaffen. So kann auf zukünftige Entwicklungen reagiert und das eigene medizinische Portfolio ausgebaut werden.

Methoden für die Marktanalyse der IST-Analyse und Bewertung		
2.5.2.4 R3 Globale Bedarfsprognose	2.5.2.6 R3 Szenariotechnik	2.5.2.7 R3 Spieltheorie
2.5.3.3 R2 Benchmarking	2.5.4.8 R3 Korrelations-Analyse	2.5.4.10 R2 Kano-Modell

2.3.3 Bedarfsplanung

Initial- phase	IST-Analyse +Bewertung	Bedarfs- planung	Ziel- definition	Machbarkeit + Varianten	Organi- sation	Zielformulierung + Dokumentation

Die Phase der Bedarfsplanung stellt eine der zentralen Inhalte der Leistungsphase Null dar. Hier werden alle wichtigen internen Daten für die zukünftige Planung des Krankenhauses zusammengeführt. Ausgangspunkt der Bedarfsplanung ist die Frage nach dem medizinischen Programm, dass das Haus leisten will. Auf dieses medizinische Angebot muss das entsprechende Personal sowie die Immobilie mit ihrer Technik, Logistik und Energie abgestimmt werden.

2.3.3.1 Gebäude/Immobilie

Der Bedarf des Gebäudes wird über den **Flächenbedarf** ermittelt. Hierzu stehen die Methoden der Bedarfsermittlung zur Verfügung.

Bei der Bedarfsermittlung der Immobilie muss wiederum unterschieden werden zwischen dem *Bauwerk* und den *Außenanlagen* sowie dem eigentlichen *Grundstück* und dem *Standort*, der infrastruktureller betrachtet werden muss. Auch das „Produktionsnetzwerk" ist relevant, da sich mehrere Krankenhäuser so Kapazitäten teilen oder Wissen spezialisieren können.

Methoden für die Gebäude/Immobilie der Bedarfsplanung		
2.5.1.4 R3 Flächenbedarfsermittlung mit Kennzahlen	2.5.1.5 R3 Funktionale Flächenermittlung	2.5.1.6 R3 Flächenermittlung mit Zuschlagfaktoren
2.5.1.7 R3 Flächenbedarfsermittlung mit generalisierten Zuschlagfaktoren	2.5.2.1 R3 Delphi-Methode	2.5.2.2 R2 RSU/XYZ-Analyse
2.5.3.4 R2 Transportkostenorientierte Methode	2.5.3.5 R3 Kapital- und kostenorientierte Methode	2.5.4.1 R2 ABC-Analyse
2.5.4.5 R2 Nutzwert-Analyse	2.5.5.13 R2 Betriebsmittelbedarfsermittlung	2.5.5.17 R3 Planungstisch

2.3.3.2 Technik

Die **Medizintechnik** ist der bestimmende Bereich der Technik in der Phase der Bedarfsplanung. Das angestrebte medizinische Programm (Abschn. 2.3.3.5) muss hierbei zur Grundlage der Bemessung des Bedarfes der entsprechenden Medizintechnik herangezogen werden. Die Art und Anzahl der Geräte der bildgebenden Verfahren sind dabei kostentreibend.

Die *Gebäudetechnik* sollte in Abstimmung mit der Bedarfsermittlung der Gebäude-Energie (Abschn. 2.3.3.6) betrachtet werden. Je nach Versorgungsart und Energiekonzeption muss individuell über die Ausstattung der Gebäudetechnik entschieden werden. Maßgeblicher Faktor der Gebäudetechnik ist die Entscheidung welche Bereiche des Gebäudes mit Lüftungsanlagen betrieben werden und welche Bereiche zusätzlich gekühlt werden müssen.

Des Weiteren sollte die Betrachtung der Technik in den Bereichen der *Sterilgutaufbereitung, Labore, Apotheken, Wäscherei und Küche* in die Bedarfsplanung mit einfließen.

Methoden für die Technik der Bedarfsplanung		
2.5.2.2 R2 RSU/XYZ-Analyse	2.5.4.1 R2 ABC-Analyse	2.5.5.13 R2 Betriebsmittelbedarfsermittlung

2.3.3.3   Logistik

Maßgeblich sind eine effiziente Materialwirtschaft, niedrige Bestände und eine funktionierendes Abrufsystem. Weiteres Thema der Bedarfsplanung im Bereich der Logistik für das Gebäude ist der strukturelle Umfang der **Lager**haltung. Diese wird wiederum maßgeblich bestimmt über den *Transport*, die *Verkehrsanbindung* und die *Infrastruktur,* in die das Krankenhaus eingebunden ist.

Beachtenswert ist hierbei, ob das Krankenhaus autark agieren muss, ob es in einen Verbund eingegliedert ist oder von außen mit Dienstleistungen versorgt wird. Werden dienende Bereiche wie die Sterilgutaufbereitung, die Apotheke, die Wäscherei, die Küche, die Raumreinigungsabteilung alle im eigenen Haus untergebracht oder werden diese Dienstleistungen von extern eingebracht. Für diese Bereiche müssten dann entsprechende Konzepte bereitgehalten werden.

Da das Thema der Logistik stark von Ablaufprozessen bestimmt wird, sind in dieser Phase der Planung besonders die Methoden der Prozessoptimierung gefragt.

Methoden für die Logistik der Bedarfsplanung		
2.5.5.6 R2 Sankeydiagramm	2.5.5.11 R2 Von-Nach-Matrix	2.5.5.13 R2 Betriebsmittelbedarfsermittlung
2.5.5.18 R3 Simulation (Ergonomie, Ablauf, Thermisch, Delmia)	2.5.5.19 R2 Ideales Funktionsschema	

2.3.3.4   Personal

Die Bedarfsplanung des Personals geht von ihrer *Personalanzahl* über die *Personalstruktur* bis hin zur *Personalqualifikation.* Ausgangspunkt für die Ermittlung des Bedarfs ist wiederum die Definition des medizinischen Programms (Abschn. 2.3.3.5). Aufgrund der hierfür notwendigen medizinischen Verfahren kann entsprechend qualifiziertes Personal bemessen werden. Personal für die Supportprozesse können dementsprechend immer weiter in die nächste Ebene abgeleitet werden.

Methoden für das Personal der Bedarfsplanung

2.5.1.1 R3	2.5.1.2 R3	2.5.1.3 R3
Personalbemessung	Kennzahlenmethode	Stellenplanmethode

2.5.4.4 R2	2.5.5.3 R3	
Multimoment-Verfahren	Planwertverfahren / REFA / MTM	

2.3.3.5   Medizinisches Programm

Zwei Ermittlungszeiträume müssen bei der Planung des medizinischen Programms beachtet werden. Zunächst muss die IST-Situation mit allen Angebotenen medizinischen Leistungen erfasst werden. Aus der IST-Situation wird in Kombination mit den Erkenntnissen der Marktanalyse ein SOLL-Zustand definiert. Aus dem SOLL-Zustand werden Ziele und Strategie zur Umsetzung erarbeitet. Dabei müssen das *Personal*, die *Behandlungen bzw. die medizinischen Verfahren* sowie die *Schwerpunktbildung* erfasst und dann geplant werden.

Methoden für das medizinische Programm der Bedarfsplanung

2.5.2.4 R3	2.5.2.5 R3	2.5.4.11 R2
Globale Bedarfsplanung	Trendextrapolation	Morphologischer Kasten

2.5.5.5 R2		
Business Process Modelling Notation / BPMN		

2.3.3.6   Gebäude-Energie

Im Bereich der Bedarfsplanung der Gebäudeenergie muss über die Art der **Versorgung** entschieden werden. An dieser Stelle können bereits große Potenziale für eine nachhaltige Energieversorgung gesetzt werden, doch häufig erfolgen konzeptionelle Grundüberlegungen in der Praxis zu spät. Insbesondere für komplexe Gebäude wie im Gesundheitswesen können nachhaltige Energiekonzepte, die auch erneuerbare Energien aus der Umwelt integrieren, im späteren Betrieb auch von großer wirtschaftlicher Relevanz sein. Erfolgt eine umfangreiche lokale Potenzialanalyse am Standort, können Themen der Nachhaltigkeit als auch der Wirtschaftlichkeit zusammengebracht werden.

Es kann bereits in den ersten Grundüberlegungen hinsichtlich Gebäudestruktur und architektonischer Erscheinung auf eine kompakte Gebäudeform hingearbeitet werden. Eine möglichst hohe Kompaktheit fördert den dauerhaft effizienten Betrieb des Gebäudes. Können ergänzend Umweltenergien aus Grundwasser oder solarem Ertrag genutzt werden, kann von einem ganzheitlichen Ansatz ausgegangen werden. Dieser setzt eine entsprechend frühzeitige Integration von Experten und Fachplanern voraus.

Die Methoden und Werkzeuge der nachhaltigen Planung können jedoch auch im Kontext der energetischen Themen nur dann voll ausgeschöpft werden, wenn eine frühzeitige Datenerfassung und -sammlung erfolgt, auf deren Basis Entscheidungen diskutiert und abgewägt werden können.

Methoden für die Gebäude-Energie der Bedarfsplanung	
2.5.5.17 R3 Planungstisch	2.5.5.18 R3 Simulation (Ergonomie, Ablauf, Thermisch, Delmia)

2.3.4   Zieldefinition

Als eher übergeordnet ist die Analyse der Unternehmensziele und die daraus abgeleiteten Ziele für das Krankenhaus und somit auch für die Planung der Immobilie zu betrachten. In Bezug auf ein Krankenhausprojekt ist es von hoher Relevanz, dass sich der Betreiber dieser Unternehmensziele bewusst ist. Alle Planungsaktivitäten müssen auf diese Ziele ausgerichtet sein und einen Beitrag zur Zielerfüllung leisten.

2.3.4.1   Planungsaufgabe/Planungsziele

Bei der Definition der eigentlichen Planungsaufgabe werden drei Themenfelder als Ziel betrachtet. Zum einen muss die Immobilie als **Gebäude** mit den Elementen *Technik, Logistik und Energie* definiert werden.

Das anzustrebende **medizinische Programm** mit dem entsprechenden **Personal** muss ebenfalls fixiert werden.

Bestimmende Faktoren sind jedoch die Definitionen der **Wettbewerbs- und Wirtschaftlichkeitsziele**. In jüngster Vergangenheit nimmt auch das Thema des **Imageziels** an Bedeutung zu.

Methoden für die Planungsaufgabe/-ziele der Zieldefinition		
2.5.5.15 R3 Failure Mode and Effect Analysis FMEA	2.5.5.16 R2 Strength Weakness Opportunities Threats / SWOT	2.5.6.1 R3 Synektik
2.5.6.2 R1 Brainstorming	2.5.6.3 R2 Methode 635	

2.3.4.2   Termine

Unabdingbar in der Zieldefinition ist eine kongruente Terminfixierung. Hierbei sind nicht zuletzt die **Fertigstellung** und auch bereits die ersten *Meilensteine* zu definieren.

Methoden für die Termine der Zieldefinition	
2.5.5.10 R2 GANTT-Diagramm	2.5.5.14 R1 Fehlerbaum-Analyse

2.3.4.3 Kosten

Bei der Zieldefinition des Kostenrahmens müssen nicht nur die **Investitionskosten** sondern auch die **Betriebskosten** Berücksichtigung finden.

Die sachliche Argumentation der Amortisation der zunächst höheren Investitionskosten durch spätere niedrigere Betriebskosten muss gerade in der Phase der strategischen Planung in der Diskussion von Bauherr und Planer immer wieder aufgegriffen werden.

Investitionskosten müssen betrachtet werden im Bereich der eigentlichen Immobilie, deren gebäude- sowie medizintechnischer Ausstattung. Im Zusammenspiel der Zieldefinition der Betriebskosten müssen diese um den Energieverbrauch und die Logistik erweitert werden.

Unabhängig von den Gebäudebetriebskosten müssen die laufenden Personalkosten des Hauses als unternehmensbestimmend definiert werden. Diese werden wiederum über das medizinische Programm abgleitet.

Methoden für die Kosten der Zieldefinition

2.5.2.3 R3	2.5.3.1 R2	2.5.4.8 R3
Regressions-Analyse	Break-Even-Methode	Korrelations-Analyse

2.3.5 Machbarkeit und Varianten

In der Phase der Machbarkeit und Varianten wird zunächst eine Idealplanung aufgesetzt, die ohne Restriktionen geplant werden soll. Diese restriktiven Faktoren können z. B. eine vorgegebene Bestandsbebauung sein, die bestimmte Prozesse von vornherein ausschließt.

Ist die Idealplanung erfolgt, kann die Realplanung mit dem Idealzustand abgeglichen werden. Bei dieser kommen nun die projektabhängigen Faktoren wie z. B. Grundstückszuschnitt, Verkehrsanbindung oder Einbettung in einer bestimmten Infrastruktur hinzu.

Methoden der Machbarkeit und Varianten

2.5.1.4 R3	2.5.5.16 R2
Flächenbedarfsermittlung mit Kennzahlen	Strength Weakness Opportunities Threats / SWOT

2.3.5.1 Idealplanung

In der Phase der Idealplanung ist es vorteilhaft, wenn das Planungsteam auf zurückliegende Planungen und Abläufe bereits durchgeführter Projekte zurückgreifen kann. Dieser **Rückgriff und der Vergleich von vorherigen Planungen** und die Problematik der ihrer Durchführung und das Lernen hieraus bringt das Bestreben einer Idealplanung weiter voran.

Besondere Berücksichtigung der Idealplanung sollten auf der einen Seite das *Gebäude* mit seiner *Technik, Logistik* und *Energie* und auf der anderen Seite das *medizinische Programm*, ebenfalls mit seiner entsprechenden *Medizintechnik* und dem dafür benötigtem *Personal* haben.

Die hauseigene **Entwicklung von Standards,** auch die **Entwicklung idealer Prozessabläufe**, die über einen *Abgleich der Wertströme und Prozessflüsse* mit den Methoden der Ablauf- und Prozessoptimierung (Abschn. 2.5.5) erstellt werden können, sollten ebenfalls im Fokus stehen.

Das Ergebnis dieser Phase ist die ideale Planung.

Methoden für die Idealplanung der Machbarkeit und Varianten		
2.5.5.6 R2 Sankeydiagramm	2.5.5.7 R1 Strukturdiagramm	2.5.5.8 R3 Warteschlange-/Bedientheorie
2.5.5.9 R1 Schätzverfahren/Zeit-Analyse	2.5.5.17 R3 Planungstisch	2.5.5.18 R3 Simulation (Ergonomie, Ablauf, Thermisch, Delmia)
2.5.5.19 R2 Ideales Funktionsschema	2.5.6.1 R3 Synektik	2.5.6.2 R1 Brainstorming
2.5.6.3 R2 Methode 635		

2.3.5.2 Realplanung

Die Realplanung kann nur über eine **Variantenbildung** zum bestmöglichen Ergebnis führen. Hierbei müssen immer wieder über die *Zusammenstellung der Kennzahlen und ihrer Abhängigkeiten* geurteilt werden. Im Besonderen sind dies die folgenden:

Die **Immobilie** wird in den Bereichen *Bauwerk und Außenanlagen* sowie *Standort und Grundstück* betrachtet. Bei der Realplanung wird jetzt der zusätzliche Schritt im Gebäude bei der *Planung der Funktionsbereiche und Funktionsstellen nach DIN 13080* getan.

Bei der Planung der **Technik** muss zwischen der *Medizintechnik*, der herkömmlichen *Haustechnik* (TGA), der *IT- und EDV*-Technik und *sonstiger Betriebstechnik* differenziert werden.

Die Bereiche der **Energie** mit ihrem *In- und Output* wird je nach Versorgungsart individuell geplant.

Die Betrachtung der **Logistik** gliedert sich in ihrer Planung auf die Bereiche *Verkehrsanbindung, Transport, Infrastruktur* und bezogen auf die Flächen im Gebäude auf die *Lager*.

Das **medizinische Programm** findet auch bei der Realplanung Einfluss über die Faktoren Ausrichtung und *Schwerpunktbildung* sowie das hierfür benötigte *Personal*.

Das **Personal** wiederum wird über die *Personalanzahl, Personalstruktur* und *Personalqualifikation* definiert.

Da die Realplanung an der Idealplanung gemessen wird, müssen die Abläufe kontinuierlich optimiert und an dem Ideal abgeglichen werden.

Methode für die Realplanung der Machbarkeit und Varianten		
2.5.5.2 R3 Automatische Objektidentifikation / RFID	2.5.5.3 R3 Planwertverfahren / REFA / MTM	2.5.5.4 R2 Structured Analysis and Design Technique / SADT
2.5.5.15 R3 Failure Mode and Effect Analysis FMEA	2.5.5.17 R3 Planungstisch	2.5.5.18 R3 Simulation (Ergonomie, Ablauf, Thermisch, Delmia)

2.3.6   Organisation

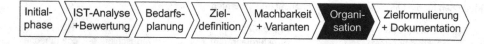

Dem Thema der Organisation wird in der Metaplanung (die sieben Phasen der strategischen Planung) aufgrund ihrer Relevanz eine eigene Phase gewidmet. Zeitlich verortet möglichst nah an der bereits mit vielen Herausforderungen behafteten Phase im Übergang der Leistungsphase Null der strategischen Planung zur Leistungsphase 1 der HOAI. An dieser Stelle ist es besonders wichtig das richtige Projektteam zusammenzustellen. Dieses kann mit der anschließenden Planungsphase der Zielformulierung und ihrer Dokumentation ein eindeutiges inhaltliches Arbeitspaket für die Umsetzung der Planung in die Realisierung bereitstellen.

2.3.6.1   Projektorganisation

Zentraler Punkt der Projektorganisation stellt das **Projektteam** dar. Dieses wird über die *Projektleiter* und der verschiedenen *Projektpartner* definiert. Zum Aufbau dieses Projektteams findet sich ein eigenes Kapital in diesem Buch unter *Kompetenzen und Teamstruktur* (Abschn. 2.4).

Über das eigentliche Projektteam hinaus müssen ebenfalls alle infrage kommenden **Stakeholder** von Anfang an mit visualisiert werden. Diese können aus dem Bereich der *Ärzteschaft*, des *Pflegepersonals*, der *Logistik*, der *Technik*, der *Verwaltung* und anderen Bereichen stammen.

Methode für die Projektorganisation der Organisation
2.5.5.7   R1 Strukturdiagramm

2.3.7   Zielformulierung und Dokumentation

| Initial-phase | IST-Analyse +Bewertung | Bedarfs-planung | Ziel-definition | Machbarkeit + Varianten | Organi-sation | Zielformulierung + Dokumentation |

Diese Phase stellt den Abschluss der Leistungsphase Null dar. Sie umfasst die Aufbereitung aller Informationen, die in allen vorangegangenen Phasen ermittelt wurden. Das Ergebnis der Phase der Zielformulierung und Dokumentation stellt die Basis für die weiterführende Planung dar und kann als Eingangsgröße für die Leistungsphase 1 der HOAI gesehen werden. Je präziser hier Aussagen zu angestrebten Planungszielen getroffen werden, desto robuster ist der weitere Planungsverlauf aufgestellt.

Bestimmendes Element bei der Formulierung der Ziele ist die Einhaltung eines bestimmten Kostenbudgets. Diese müssen zusammen mit einem Betriebs- und Organisationskonzept (BOK) und einem Raumbuch zur Definition des Gebäudes abgeglichen formuliert werden.

Nicht zuletzt muss bei der Zielformulierung ein konkreter Terminrahmen abgesteckt sein. Die folgenden Abschnitte beschreiben den Inhalt der Dokumentation.

2.3.7.1   BOK

Das Betriebs- und Organisationskonzept (BOK) beschreibt alle wesentlichen Merkmale zur Leistungsfähigkeit des Krankenhauses. Hier sind Aussagen zur medizinischen, strategischen und organisatorischen Ausrichtung, dem dazugehörigen Personalschlüssel und aller wichtigen Arbeitsabläufe und Prozesse abgebildet. Das BOK muss daher auch immer im Zusammenhang mit dem Raumbuch (Abschn. 2.3.7.2) betrachtet werden, da erst die Immobilie und ihre Dimensionierung und Raumzuordnung das entsprechende Betriebs- und Organisationskonzept tragen kann.

2.3.7.2   Raumbuch

Als Erweiterung des Raumprogramms mit ihrer Definition der Anzahl und Ausmaße der zu benötigenden Räume für das Krankenhaus, beschreibt das Raumbuch auch zum einen die Ausstattungsmerkmale der einzelnen Räume, aber auch die übergeordneten funktionalen und prozessorganisatorischen Abhängigkeit einzelner Räume oder Raumgruppen. Sinnvollerweise sollte sich das Raumbuch an der DIN 13080 orientieren.

2.3.7.3   Kosten

Die bereits in der Zieldefinition veranschlagten **Investitions- und Betriebskosten** (Abschn. 2.3.4.3) müssen hier noch einmal auf dem Hintergrund der durchgeführten Realplanung abgeglichen werden.

So müssen Kosten formuliert werden zu der *Immobilie*, deren *Technik* und *Energie*verbrauch. Ebenso müssen Angaben dokumentiert werden zur *Logistik*, dem *Personal* und dem *medizinischen Programm*.

Auch hier unterstützen wieder die Wirtschaftlichkeitsbetrachtungsmethoden sowie die Methoden zur Entscheidungshilfe.

Methode für die Kostenermittlung der Zielformulierung	
2.5.3.1 R2 Break-Even-Analyse	2.5.4.8 R3 Korrelations-Analyse

2.3.7.4   Termine

Ein GANTT-Diagramm verschafft die nötige Übersicht in der Zielformulierung und Dokumentation der Termine. Auch hier sollten mindestens die anvisierte **Fertigstellung** sowie die **Meilensteine** der nun anstehenden Leistungsphasen der HOAI definiert sein.

Methode für die Termine der Zielformulierung
2.5.5.10   R1   GANTT-Diagramm

2.4   Kompetenzen und Teamstruktur (Planerpyramide)

Ein wichtiger Aspekt einer nachhaltigen und strukturierten Planung von komplexen Gebäuden ist neben der Informationsbeschaffung die Informationsweitergabe und -verteilung. Die Mitglieder eines Planungsteams sind mit unterschiedlichen Informationen und fachlichem Verständnis ausgestattet. Dies erschwert die Kommunikation der einzelnen Beteiligten. Interdisziplinäre Projekte werden häufig als innovative Neuerungen bezeichnet, sind im Bereich der Baubranche schon immer Teil des fachübergreifenden Handelns gewesen. Trotz des gemeinsamen Bestrebens ein Vorhaben zu realisieren, ist festzustellen, dass durch die unterschiedlichen Ausrichtungen und Wissensstände, ein völlig unterschiedliches Vokabular verwendet wird. Jeder Spezialist und jeder Experte verwendet die für sein Fachgebiet typischen Begriffe, Terminologien und Redewendungen. Folglich kann es bereits beim ersten Informationsaustausch zu Problemen und Fehlstellen kommen.

Mit steigender Komplexität eines Vorhabens steigt automatisch die Anzahl notwendiger Akteure und notwendigem Fachwissen und folglich auch das Potenzial für Kommunikationsprobleme.

Die Probleme entstehen nicht zwangsläufig durch Personalwechsel oder mangelhafter Informationsweitergabe. Zum Teil sind es einfache Begrifflichkeiten die zu Kommunikationsproblemen führen. Dies gilt insbesondere dann, wenn die Begriffe identisch klingen, aber im Kontext der eigenen Fachrichtung anders verwendet werden. So kann beispielsweise eine Layoutplanung für einen Prozessplaner etwas völlig Anderes bedeuten als für einen Architekten. Der Prozessplaner versteht beispielsweise unter dem Begriff der Layoutplanung (siehe auch Methoden der Bedarfsermittlung) ein Werkzeug zur Bestimmung

Abb. 2.6 Verlust der Informationshaltigkeit

von Abhängigkeiten und deren idealtypischer Anordnung. Der Architekt kann darunter die reine grafische Gestaltung von Planmaterial verstehen.

Es wird deutlich, dass der Informationsaustausch strukturiert ablaufen und die Zuweisung der einzelnen Kommunikationspartner zueinander geregelt werden muss. Im Idealfall bleibt die Zusammensetzung des Planungsteams bestehen, aber auch nach einem Wechsel von Beteiligten muss in einem langjährigen Bauprozess die Informationsweitergabe sichergestellt werden. In diesem Kontext ist zu hinterfragen, ob alle an Planungsbesprechungen beteiligten Akteure die gleichen sachlichen Inhalte verarbeiten.

Ausgehend von dieser grundlegenden Betrachtung, muss der weitere Verlauf der Kommunikationskette hinterfragt werden. In der Regel nehmen an den Planungsbesprechungen nur einige Vertreter eines Planungsteams teil, die dann im Anschluss die Informationen an ihre Kollegen weitergeben.

Als zusätzliche Erschwernis zum eigentlichen Inhalt der Information, kommt bei der Informationsweitergabe noch hinzu, dass Absender um Empfänger zusammen passen müssen und die Weitergabe der Information Verlustfrei zu gestalten. Diese beiden Bedingungen setzen ein organisiertes Schema zur Informationsverteilung voraus, welches in der Praxis häufig nicht vorhanden ist.

In der Realität kommt es häufig zu Informationsverlusten, weil die korrekten Empfänger nicht bekannt sind oder bestimmte Organisationsinstanzen übergangen werden. Die daraus resultierende unkontrollierte Weitergabe von Informationen, hat neben Verlusten des Inhalts auch häufig zeitliche Engpässe, sachliche oder monetäre Fehlentscheidungen und Unzufriedenheit der Akteure zur Folge. Eine strukturierte Projektorganisation kann in Kombination mit ausgewählten Methoden und Werkzeugen Abhilfe schaffen. Ohne die Anwendung von optimierten Methoden und Werkzeugen der Kommunikation kann die eventuell schon nicht mehr vollständige Information, durch die Weitergabe in ihrer Informationshaltigkeit immer weiter beschnitten werden. Die notwendige Information oder Kernaussage kann verloren gehen. Dieser Vorgang sollte bei den Planern bereits vorab überprüft werden, um in der Leistungsphase Null schon das volle Potenzial der Informationen nutzen zu können.

Um dem Informationsverlust entgegen zu wirken, sollte von Beginn des Projektes eine übergeordnete Struktur verfolgt werden, um Planungsfehler und Kommunikationsstörungen zu vermeiden. Die Praxis hat gezeigt, dass ein großes Problem im Verlust von projektspezifischen Inhalten besteht. Ein einfaches Werkzeug zur Eingrenzung von

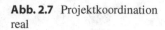
Abb. 2.7 Projektkoordination real

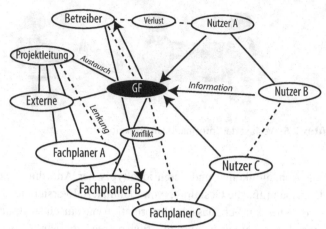

Störungen im Gesamtablauf kann eine zuvor festgelegte Hierarchisierung der beteiligten Rollen sein, in der gleichzeitig auch die Abhängigkeiten und Zuständigkeiten geregelt werden. Die übergeordnete Struktur der Kommunikationszuständigkeiten kann den Informationsverlust reduzieren und dazu beitragen, dass die richtigen Personen die richtigen Informationen erhalten. Direkter und korrekt adressierter Austausch reduziert zeitliche Verzögerungen und dient dem Projekt in jeder Hinsicht.

Diese einfache Struktur der Hierarchisierung ist in der Praxis kaum wiederzufinden. Informationen suchen sich ihren Weg, bis sie an der richtigen Stelle ankommen. Häufig ist nicht mehr nachvollziehbar woher die Information kommt oder was der genaue Inhalt ist. Die Fachplaner kommunizieren teilweise willkürlich untereinander und die oberen Entscheidungsinstanzen erfahren teilweise erst in Problemfällen den aktuellen Stand einer Bearbeitungsphase (vgl. Abb. 2.7). Eine strukturierte Kommunikation kann dem entgegenwirken und auch Problembewältigung deutlich früher angehen. Wie eine strukturierte Kommunikationsorganisation aussehen kann, zeigt die Abb. 2.8.

Der Aufbau einer *Planerpyramide* ist leicht verständlich, kann also auch kurzfristig in den Projekten erläutert und eingebracht werden. Eine zielgerichtete und optimierte Kommunikation beziehungsweise Entscheidungsstruktur kann mit der Planerpyramide verfolgt werden. Denn neben der Information wer mit wem kommunizieren sollte, verbirgt sich hinter der Pyramide auch zu großen Teilen die Verteilung von Fachwissen. Demnach sollten spezielle Fachgruppen, die über ein ähnliches Vokabular verfügen, besser miteinander Informationen austauschen können. Umwege über fachfremde oder gar unbeteiligte Personen am Prozess können vermieden werden. Die Struktur der Pyramide beinhaltet aber auch Entscheidungshierarchien, die durch die Klärung zum Projektbeginn große Vorteile bieten können. Sind Entscheidungsbevollmächtigungen und Verteilung von Aufgaben klar gegliedert, können übermäßige Interaktionen einzelner Beteiligter vermieden werden und zu einer Arbeitsentlastung beziehungsweise zeitlichen Entspannung führen. Funktioniert die projektinterne Kommunikation perfekt, haben immer alle Personen die richtigen Information zum frühestmöglichen Zeitpunkt.

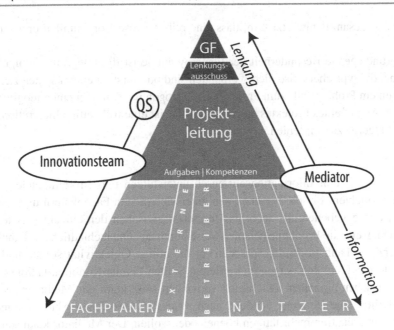

Abb. 2.8 Projektorganisation ideal

Die Informationen werden in der Regel vom Fundament der Pyramide aus in Richtung Spitze transportiert. In die entgegengesetzte Richtung erfolgt auch eine Informationsweitergabe, jedoch mit einer lenkenden Funktion. Dies bedeutet, dass Informationen, die von der Spitze der Pyramide kommen eine direkte Handlung zur Folge haben sollten, während die andere Richtung auch dem rein informativen Austausch dienen kann.

Kernpunkt der Pyramide ist die Projektleitung, die mit unterschiedlichen Kompetenzen ausgestatte sein sollte, um dem Anspruch einer interdisziplinären Zusammenarbeit gerecht werden zu können. Konstellationen aus Ingenieuren und Mediziner sind hier sinnvoll. Die Projektleitung dient als eine Art selektiver Membran zwischen Fachplanern und dem Lenkungsausschuss beziehungsweise der Geschäftsführung. Sie ist mit einer projektspezifischen Entscheidungsvollmacht betraut und kann die Fachplaner koordinieren, anweisen und Entscheidungen fällen. Gibt es Informationen, die nicht von Interesse für die Pyramidenspitze sind, erfolgt keine Weitergabe. Handelt es sich um eine wichtige Information, die eine Entscheidung fordert, wird die Projektleitung diese Information an die Spitze weitergeben. So soll ein unkontrollierter Austausch zwischen Fachplaner und der Spitze vermieden werden. Die Pyramidenspitze ist für Entscheidungen, die in der Regel monetäre Folgen haben, zuständig. Werden Entscheidungen im Idealfall in Abstimmung mit der Projektleitung getroffen, erfolgt ein Arbeitsauftrag an diese. In jedem Fall sollte auf die Kommunikationswege und fachspezifischen Austausch geachtet werden, da auch zwischen Projektleitung und Pyramidenspitze unterschiedlichste Kompetenzen miteinander arbeiten. Je nach Fachkompetenz sollte auch das Projektleitungsteam so zusammengesetzt sein, dass eine reibungslose Kommunikation stattfinden kann.

Eine grundlegende Besonderheit der Planerpyramide ist die Integration einiger Kontrollorgane, die typischerweise nicht vorhanden sind oder erst zu einem späten Zeitpunkt (z. B. bei einem Problemfall) zum Projekt hinzugezogen werden. Um einen möglichst reibungslosen Ablauf eines Projektes zu gewährleisten, ist eine frühzeitige Integration dieser „Sonder-Akteure" zu empfehlen.

Mediator

Der Mediator soll den Informationsaustausch unterstützen und aufkommende Unstimmigkeiten schlichten. Er soll zwischen den unterschiedlichen Fachplanern und Experten vermitteln und gegebenenfalls auch als Übersetzer zwischen den einzelnen Beteiligten tätig werden, wenn die Probleme beispielsweise durch das unterschiedliche Vokabular begründet sind. Er kann in Streitgesprächen für die nötige Objektivität sorgen und dabei helfen Ziele nicht aus den Augen zu verlieren. Sollten bereits Kommunikationsschwierigkeiten zwischen einzelnen Beteiligten vorhanden sein, kann der Mediator als unbefangener Dritter eine Einigung erzielen, auch wenn die betroffenen Akteure keine produktive Kommunikation mehr tätigen können oder wollen. Der Mediator kann somit immer in Problemsituationen eingreifen aber auch die allgemeine Kommunikation als eine Art Moderator unterstützen. Um möglichst unbefangen zu sein, sollte dieser auch eine externe Person sein, die keine Beziehung zu einer im Projekt beteiligten Person unterhält.

Innovationsteam

Das Innovationsteam dient der Hinterfragung von bereits standardisierten Abläufen und des Einbringens von neuen Ideen. In der Praxis werden neue und innovative Ansätze häufig durch Handlungsabläufe verhindert, die nicht mehr hinterfragt werden. Daher kann ein externes Innovationsteam, mit einem unbefangenen Blick von außen neuen Fortschritt bringen. Diese können dann mit den Betreibern diskutiert und in der angedachten oder abgewandelten Form getestet werden. Auch hier gilt es die eigenen Mitarbeiter und Kollegen davon zu informieren, um eine möglichst hohe Akzeptanz für die Ideen zu generieren. Sperren sich die Betroffenen aus Prinzip, weil ihre Meinung nicht eingeholt wurde oder sie sich an dem Veränderungsprozess nicht beteiligen konnten, ist es schwierig Innovationen voranzutreiben.

QS – Qualitätssicherung

Die Qualitätssicherung oder der Qualitätssicherer ist im Allgemeinen dafür verantwortlich die Ausführungsqualität zu prüfen. Der Nachteil besteht darin, dass Fehler häufig erst nach einer bereits erfolgten Umsetzung erkannt werden. Daher sollte der Qualitätssicherer auch für die Sicherstellung der Kommunikation hinzugezogen werden. Hier sind Aufgaben wie die Weitergabe von Informationen, Überprüfung von Entscheidungen und der Abgleich von Projektfortschritt und anvisiertem Ziel zu nennen. Durch einen frühzeitigen Austausch können hier Fehler vermieden werden und auch schon im Planungs- oder Vorplanungsstadium Probleme behoben werden.

2.5 Planungs- und Entscheidungsmethoden – Methodenkatalog

Die Erkenntnisse aus der Praxis und der Forschung haben gezeigt, dass Wissen um Informationsbeschaffung und Datenauswertung bei Planern häufig auf typische Herangehensweisen aus dem eigenen Arbeitsfeld begrenzt ist. Da jedoch insbesondere aus dem Bereich der industriellen Fertigung und der Automobilbranche diverse Methoden und Werkzeuge seit Jahrzehnten erfolgreich angewandt werden, um Planungs- und Betriebsprozesse zu optimieren sowie Abläufe effizienter zu gestalten, wurden diese Methoden und Werkzeuge gezielt auf den Bereich Krankenhausbau- und Krankenhausplanung übertragen. Beispielhafte Anwendungen und der Mehrwert solcher Handlungsanweisungen sollen im Folgenden verdeutlicht werden.

Die entwickelte Planungssystematik der Leistungsphase Null bietet eine Struktur, die den Planungsprozess begleitet und vordefiniert. Die zuvor beschriebenen „sieben Phasen der strategischen Planung" werden inhaltlich über die Planungs- und Entscheidungsmethoden unterfüttert. Folgend die Begriffsdefinitionen dieser Methoden und Werkzeuge:

Die Methode

Der Begriff der Methode geht auf den griechischen Begriff „méthodos" zurück, welcher die Bedeutung „Weg oder Gang einer Untersuchung, nach festen Regeln oder Grundsätzen geordnetes Verfahren" hat (Duden 2007). In der wissenschaftlichen Literatur haben sich unterschiedliche Definitionen für Methoden durchgesetzt. So hat z. B. Carl von Clausewitz (1780–1831) aufbauend auf seinen Kriegserfahrungen Methoden für untere Führungsebenen als Entscheidungsstützen definiert. Eine Methode ist, nach von Clausewitz, eine Verfahrensart, die beschrieben wird als „ein unter mehreren möglichen ausgewähltes, immer wiederkehrendes Verfahren" (Clausewitz 1990). Sie soll für eine möglichst große Anzahl gleichwertiger Fälle gültig sein und umfasst folglich die anwendungsorientiertesten Fälle. Wird das Handeln nicht durch allgemeine Grundsätze oder individuelle Vorschriften, sondern durch Methoden bestimmt, spricht man von Methodismus (Clausewitz 1990).

Die Werkzeuge

Der Begriff Werkzeug hat in erster Linie die Bedeutung von Hilfsmitteln zur Umsetzung von Aufgaben, im herkömmlichen Sinn z. B. Hammer, Zange, Bohrer. Diese Definition entspricht Meyer: „Werkzeug, Gerät zur Bearbeitung von Werkstücken oder Werkstoffen. Handwerkzeuge (Hammer, Säge) werden von Hand geführt, Maschinenwerkzeuge in eine Werkzeugmaschine eingespannt" (Meyer 2008). Es gibt jedoch eine weitere Bedeutung, die sich auf Werkzeuge als Planungshilfsmittel bezieht. Es existiert eine Vielzahl von Werkzeugen unterschiedlichster Komplexität, wie z. B. Formulare oder PC basierte Simulationen. Die Definition bei Schenk und Wirth ist auf den Fabrikplanungsprozess bezogen:

Abb. 2.9 Übertragen von
Methoden und Werkzeugen auf
den Krankenhausbau

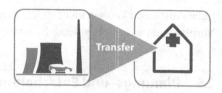

„Planungswerkzeuge dienen der Unterstützung von Methoden und Verfahren. Rechnerge-
stützte Planungswerkzeuge helfen die Eigenschaften von Produktions- und Fabriksyste-
men in einem frühen Planungsstadium zu erkennen. Ohne ihren Einsatz ist eine hohe
Planungseffizienz bei geringem Planungsrisiko kaum mehr zu erreichen" (Schenk 2004).

Aus der Definition von Schenk und Wirth wird deutlich, dass durch das hohe Datenvo-
lumen, das mit einer Planungsaufgabe zusammenhängt, nicht mehr ohne Werkzeuge gear-
beitet werden kann. Die angesprochene schnelle Reaktionsfähigkeit fordert eine schnelle
Entscheidungsfindung, die erst unter Inanspruchnahme von Werkzeugen erreicht werden
kann.

Methoden sind Instrumente, die für hohe Komplexität bzw. Möglichkeiten eine Ent-
scheidungsstütze darstellen. Im Einzelfall muss jedoch überprüft werden, ob für die Entscheidung das gleiche Umfeld gegeben ist, wie beim Erstellen der Methode.

Um Methoden und Werkzeuge systematisch und anwendungsorientiert zu beschreiben, wurde ein umfangreicher Katalog von Methoden und Werkzeugen erstellt. Unter
Planungsmethoden wird in diesem Rahmen eine Folge von Schritten verstanden, die es
ermöglichen einen gegebenen Anfangs- in einen gewünschten Endzustand zu transformie-
ren. Damit zeigen Methoden dem Planungsteam auf in welcher Art und Weise Aufgaben
durchzuführen sind.

Über die einschlägige Literatur aus dem Bereich der Fabrikplanung hinaus wurde für
die Erstellung des Katalogs Literatur aus den Bereichen der Produktionsplanung, Auto-
matisierung, Logistik, Unternehmensorganisation, Architektur, des Bauingenieurwesens,
des Facility Managements, der Bauphysik und des Umweltschutzes, der behördlichen
Auflagen, der Arbeitswissenschaften, des Supply Chain Managements sowie der Betriebswirtschaft herangezogen. Um die Anwendbarkeit in der Praxis zu gewährleisten, wurde –
neben der Literaturrecherche – der aktuelle Bedarf sowie bereits genutzte Methoden und
Werkzeuge kontinuierlich mit Experten aus dem Bereich der Krankenhausplanung diskutiert.

Um den Anwendern eine standardisierte Beschreibung der Methoden anzubieten, wurde ein Methodensteckbrief entwickelt (Abb. 2.10). Hierbei werden neben einer Kurzbe-
schreibung und einer Erläuterung über die Vorgehensweise auch mögliche Einsatzzwecke
sowie Vor- und Nachteile beschrieben. Die schriftlichen Ausführungen werden durch Grafiken, Beispiele und Tabellen ergänzt und tragen so zum Verständnis des Lesers bei.

Aufgrund der hohen Anzahl von Methoden und Werkzeugen, die sich auf die Krankenhausplanung übertragen lassen, ist es zwingend notwendig eine Möglichkeit zur schnellen

Abb. 2.10 Methodensteckbrief

Vorauswahl anzubieten. Hierzu wurde eine Kennzahl eingeführt, welche eine Charakterisierung nach Aufwand und Komplexität zulässt: Das Ranking.

Ranking		
R1	R2	R3
Aufwand gering	Aufwand hoch	Aufwand hoch
i.d.R. mit eigenem Personal möglich	i.d.R. mit eigenem Personal möglich	Externe Unterstützung / Fachpersonal erforderlich

Das entwickelte Ranking basiert auf der folgenden Charakterisierung:

R1 Der zeitliche und monetäre Aufwand ist gering. In der Regel ist keine externe Unterstützung notwendig. Notwendige Daten können selbstständig erhoben werden oder
aus eigenen Unterlagen gewonnen werden. Gegebenenfalls müssen Daten aufgearbei-
tet oder einfache Grundlagendaten erhoben werden.

R2 Der zeitliche und monetäre Aufwand ist hoch. Externe Unterstützung ist nicht zwingend erforderlich (Abhängig vom hauseigenen Personalbestand bzw. der Qualifizie-
rung der eigenen Fachkräfte). Notwendige Daten können selbstständig erhoben oder
aus eigenen Unterlagen gewonnen werden. Die Auswertung der Daten oder die Wei-
terverarbeitung ist aufwendig. Mit steigender Komplexität der Aufgabenstellung steigt
auch der Aufwand bzw. die Auswertung der Ergebnisse aus der Methode.

R3 Der Aufwand ist zeitlich und monetär hoch. Spezielle Methoden und Fachkenntnisse
sind erforderlich. In der Regel ist externe Unterstützung und/oder die Integration von
entsprechendem Fachpersonal in das Projektteam notwendig.

Das Ranking gibt ebenfalls Auskunft darüber, ob eine Methode kurzfristig Ergebnisse
liefern kann oder zeitlicher, personeller oder monetärer Aufwand erforderlich ist.

Die Unterteilung in drei Gruppen ermöglicht eine einfache und schnelle Auswahl, ob
das eigene Personal die Aufgabe bewältigen kann oder entsprechende Grundlagen der
statistischen Auswertung, spezielle Software oder Technik bis hin zur Konsultation von

Fachpersonal und Experten aus anderen Disziplinen notwendig ist. Das Ranking basiert auf typischen Personalkonstellationen in Planungsbüros. In speziell für den Krankenhausbau gebildeten Planerteams können ggf. Methoden die eine externe Unterstützung ausweisen auch mit dem eigenen Personal durchgeführt werden.

Der Methodenkatalog gliedert sich in sechs Bereiche. Jeder Bereich wird eingängig in seinen Grundzügen beschrieben und anschließend mit Anwendungsbeispielen hinterlegt. Die Eingliederung soll dabei helfen, die passende Methode für eine bestimmte Aufgabenstellung zu finden. Die Ziele hierbei können unterschiedlicher Natur sein. Zum einen kann es um eine Datenauswertung oder Bewertung gehen, zum anderen aber auch um Ideenfindung oder Entscheidungsgrundlagen. Die Kategorisierung der Methoden dient zudem der Übersicht. Der Ursprung der Methoden bildet häufig die Automobilindustrie, von der bestimmte Prozessabläufe übertragen werden konnten. Daher ist eine weitere Übertragung auf andere Bereiche oder Anwendungsgebiete generell denkbar. Es lassen sich einige Methoden in abgewandelter Form auch direkt auf andere Bereiche und Anwendungsgebiete übertragen oder bedürfen nur minimaler Anpassung um einer anderen Aufgabenstellung gerecht zu werden.

6 Bereiche der Methoden		
1	2	3
Methoden der Bedarfsermittlung	Methoden der Prognose	Methoden der Wirtschaftlichkeitsbetrachtung
4	5	6
Methoden der Entscheidungshilfe	Methoden der Ablauf- und Prozessoptimierung	Methoden der Kreativitätstechnik & Ideenfindung

2.5.1 Methoden der Bedarfsermittlung

Unter den Methoden der Bedarfsermittlung lassen sich im Allgemeinen Methoden zusammenfassen, die primär das Ziel verfolgen, den Nachweis zu erbringen ob ein Handlungsbedarf besteht oder nicht. Differenziert werden kann hierbei nach dem exakten Ziel, welches beispielsweise ein Personalbedarf oder auch ein Flächenbedarf sein kann.

Grundlage für die Sicherheit einer Entscheidung bilden Grundlagendaten, welche aus einer vorhandenen Dokumentation des Betriebs generiert werden können. Somit ergibt sich eine Überschneidung zu statistischen Auswertungen und Methoden der Prognose beziehungsweise zur Auswertung von Wahrscheinlichkeiten. Um eine konkrete Aussage treffen zu können, muss das Ziel oder die Aufgabenstellung klar beschrieben und abgegrenzt sein.

Zur Klärung des Personalbedarfes kann die Erstellung, oder gegebenenfalls Pflege von Stellenplänen herangezogen werden. Ein langjähriger Überblick über Mitarbeiterstrukturen und Veränderungen ist hier von großem Vorteil.

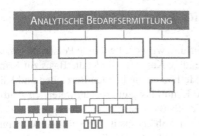 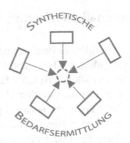

Abb. 2.11 Bedarfsermittlung

Die Aufgabe zur Definition eines Flächenbedarfes hingegen kann aus einer reinen statistischen Auswertung erfolgen, aber auch experimentell ermittelt werden. Auch hier sind Erfahrungswerte aus der Praxis unabdingbar. Für eine Vergleichbarkeit oder auch späteren Entscheidung hinsichtlich der Variantenauswahl können auch Kennzahlen (m^2 BGF pro Planbett oder m^2 pro Doppelzimmer) zu einer Lösung führen.

Der Ansatz einer Bedarfsermittlung über Kennzahlen entspricht einer praxisbewährten Herangehensweise. Eine Erstellung eines Raumprogrammes kann beispielsweise „von fein zu grob" erfolgen. Dies bedeutet, dass einzelne Elemente, im Idealfall bereits genau definiert, zu einem Gesamtergebnis addiert werden. Dies entspricht einer synthetischen Bedarfsermittlung. So lassen sich in der Literatur auch genaue Hinweise zu einzelnen Bereichen finden (vgl. (Neufert 2009 oder Nestler 1969). In bestimmten Fällen kann es aber auch ratsam sein, die Herangehensweise zu verändern und „von grob nach fein" zu agieren. Hier kann zum Beispiel bedingt durch Bebauungsgrenzen die maximale Größe einer baulichen Erweiterung definiert sein, die Schritt für Schritt mit einzelnen, kleineren Untereinheiten aufgefüllt wird. Diese Herangehensweise würde man als analytische Bedarfsermittlung bezeichnen. Das Endergebnis ist in einem solchen Fall besonders genau hinsichtlich seiner funktionalen Angliederung an einen Bestand zu prüfen.

2.5.1.1 Personalbedarfsermittlung – R3

Kurzbe-schreibung	Mit Hilfe der Personalbedarfsermittlung wird die benötigte Personalkapazität im Krankenhaus bestimmt. Die notwendige Kapazität bildet die Basis zur Ermittlung des exakten Personalbedarfs. Die Methode kann in allen Bereichen und Klinikarten eingesetzt werden. Hierfür sind Kenntnisse zum real auftretenden Zeitbedarf aller auszuführenden Tätigkeiten (Zeitbedarfe je Arbeitseinheit) je Bereich/Klinik notwendig. Hierzu wird die Anzahl in Abhängigkeit der benötigten Gesamtzeit der Aufgaben und der Arbeitszeit pro Arbeitskraft kalkuliert
Vorgehens-weise	Bei der Personalbedarfsermittlung sind die einzelnen Bereiche des Krankenhauses zu differenzieren (Struktur gem. Funktionsbereichen/-stellen nach DIN 13080). Hierzu zählen beispielsweise die Pflege, medizinischen Versorgungseinheiten, aber auch indirekte Bereiche wie die Logistik oder Instandhaltung. Hierzu müssen entsprechende Kriterien berücksichtigt werden, wie z. B. die Berufsgruppe, Gruppenarbeitsstrukturen, Normerfüllungsgrade, Instandhaltungs-/Wartungsaufwände oder Schichtmodelle. Dabei müssen die Zeiten bekannt sein. Die Erfassung der Zeiten erfolgt durch direkte Zeitmessungen oder durch den Einsatz von MTM-Verfahren (Arbeitsablauf-Zeitanalyse)
Hinweise	Für Krankenhäuser geeignet, in denen im Rahmen der Arbeitsvorbereitung bereits REFA bzw. MTM angewendet wird
Vorteile	Detailliert quantifizierbare technologische Prozess oder Behandlungspfade erlauben eine exakte Berechnungen des Personalbedarfs
Nachteile	Setzt strukturierte und feste Prozessstrukturen und definierte Arbeitsabläufe voraus
Anwen-dung	Arbeitsanalyse in allen Klinikbereichen, Zeitmessungen, Tätigkeitsvergleiche, Krankenhausinterne Quervergleiche

Quelle: vgl. (Grundig 2009)

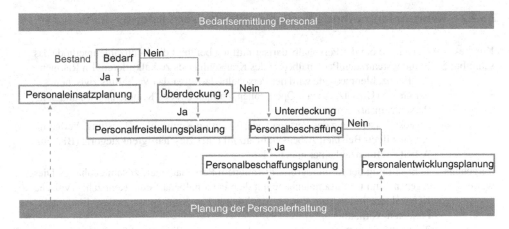

Abb. 2.12 Personalbedarfsermittlung

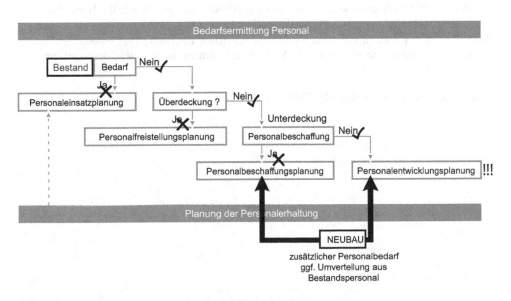

Abb. 2.13 Anwendung Personalbedarfsermittlung

2.5.1.2　Kennzahlenmethode zur Personalbedarfsermittlung – R3

Kurzbe-schreibung	Genau wie bei der Personalbedarfsermittlung befähigt die Kennzahlenmethode das Planungsteam den Personalbedarf des Krankenhauses zu kalkulieren. Im Rahmen der Kennzahlenmethode wird der Personalbedarf über das Verhältnis zwischen der Größe (Umsatz, Anzahl Operationen, Fallzahlen) des Krankenhauses und dem Personaleinsatz ermittelt
	Zwecks Auswertung des Personalbedarfs werden Kennzahlen (Leistung, Verhältnis etc.) gebildet. Beispiel: Arbeitskräfteanzahl einer Beschäftigtenkategorie (BK) zur Arbeitskräfteanzahl einer anderen BK
Vorgehens-weise	1. Ermittlung der Einflussgröße, die mit dem Personalbedarf zusammenhängt. Diese ergeben dann im Zusammenhang mit dem Personalbedarf eine Kennzahl. Typische Kennzahlen sind hierfür Arbeitsproduktivität, Pro-Kopf-Umsatz oder Mitarbeiter-Patienten-Verhältnis
	2. Ermittlung bisherige Entwicklung der gewählten Einflussgröße
	3. Berechnung voraussichtlicher Personalbedarf anhand des zu Beginn formulierten Zusammenhangs mit der Entwicklung der Einflussgröße für den Planungszeitraum
Hinweise	Beispiel: z. B. für Beschäftigten in den Operationssälen: Bemessung gemäß Arbeitsproduktivität
Vorteile	Gute Schätzung kann erfolgen, wenn zusammenhängende Daten vorhanden sind und diese keine größeren Brüche aufweisen. Die Prognosen sind objektiv. Die Methode empfiehlt sich für Arbeitsprozesse, die von der Menge der Ausbringung bestimmt werden, sowie für kontinuierliche Prozesse
Nachteile	Die Methode ist komplex und setzte spezifische Kompetenzen in der Handhabung voraus (Auswertung Personalstatistiken, Übersicht zu Personalstruktur etc.)
Anwen-dung	Die Kennzahlenmethode wird für die Ermittlung des Brutto-Personalbedarfes im Krankenhaus verwendet. Die Methode lässt sich auf alle Bereiche des Krankenhauses anwenden

Quelle: vgl. (Kettner 1987), (Grundig 2009), (KOFA 2015)

Kennzahl der Arbeitsproduktivität:

$$\text{Arbeitsproduktivität} = \frac{\text{Umsatz}}{\text{Anzahl Beschäftigte}}$$

Kennzahl des Brutto-Personalbedarfs:

$$\text{Brutto-Personalbedarf} = \frac{\text{prognostizierter Bedarf}}{\text{prognostizierte Arbeitsproduktivität}}$$

Beispiel Kennzahl der Arbeitsproduktivität:

$$\text{Arbeitsproduktivität 2011} = \frac{275.500 \, \text{€ Umsatz}}{2758 \, \text{Beschäftigte}} = 99,9$$

$$\text{Arbeitsproduktivität 2012} = \frac{285.600 \, \text{€ Umsatz}}{2760 \, \text{Beschäftigte}} = 103,5$$

Erkenntnis: Verbesserung der Arbeitsproduktivität von 2011 zu 2012.

2.5.1.3   Stellenplanmethode – R3

Kurzbe-schreibung	Der zukünftige Personalbedarf resultiert aus der Fortschreibung von Stellenplänen bzw. -beschreibungen entsprechend der Entwicklung des Arbeitsvolumens je Klinikbereich bzw. Arbeitsplatz. Voraussetzungen sind eine nahezu zeitstabile Struktur der Aufbauorganisation und der durchgängige Einsatz von Stellenplänen im Rahmen der Personalwirtschaft. Nur so ist die Vergleichbarkeit zeitunterschiedlicher Bedarfsgrößen gesichert. Im Stellenplan werden die Aufgaben, Kompetenzen und Anforderungen für den jeweiligen Stelleninhaber festgelegt. Ebenso werden Beziehungen zu anderen Stellen definiert
Vorgehens-weise	Aus dem Vergleich der Entwicklung des Arbeitsvolumens und der vorhandenen sowie erforderlichen Stellenbesetzung resultiert Neu- und Ersatzbedarf 1. Überprüfung des aktuellen Organisations-, Stellen- und Stellenbesetzungsplans 2. Prognose möglicher Veränderungen der Stellen mittels des aktuellen Stellenplans 3. Aufstellung des künftigen Organisationsplans 4. Aufstellung des künftige Stellenplans auf Grundlage von Fehlbedarf oder Überhang
Hinweise	Diese Methode bildet die Grundlage für die Ermittlung des Bruttopersonalbedarf in quantitativer und qualitativer Hinsicht
Vorteile	Die Methode ist für Betriebe aller Größenordnungen geeignet
Nachteile	Voraussetzung ist eine regelmäßige Erstellung von Stellenplänen (kontinuierliche Aktualisierung)
Anwen-dung	Die Kennzahlenmethode wird für die Ermittlung des Brutto-Personalbedarfs verwendet. Anwendung findet diese im Bereich der indirekten medizinischen Versorgung sowie in der Verwaltung

Quelle: vgl. (Grundig 2009), (Boden 2005)

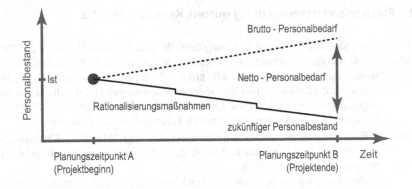

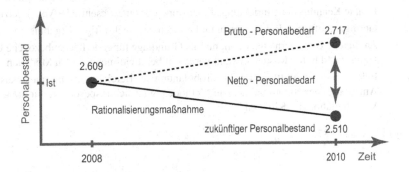

Abb. 2.14 Anwendung Stellenplanmethode

2.5.1.4 Flächenbedarfsermittlung mittels Kennzahlen – R3

Kurzbe-schreibung	Diese Methode befähigt das Planungsteam den notwendigen Flächenbedarf für das Klinikum zu ermitteln. Die Ermittlung gründet auf Verhältniszahlen, wie beispielsweise der notwendigen Fläche pro Beschäftigtem. Die Verhältniskennzahlen basieren auf Erfahrungs- und Vergangenheitswerten, welche im Rahmen der vorangegangenen ermittelt werden. Eine zweite Möglichkeit bietet die Ermittlung der Kennzahlen auf Basis von „Best Practice Lösungen" anderer Kliniken
Vorgehens-weise	1. Ermittlung der groben Bereichsflächen (z. B. Pflege, Ambulanz, Chirurgie, Notaufnahme) mittels Kennzahlen, Anordnung nach funktionalen Gesichtspunkten, wie beispielsweise Patientenpfade 2. Zuordnung von flächenmaßstäblichen Einrichtungsmodellen (meist 2 D-Kartonzuschnitte) durch Verschieben auf einer (gerasterten) Fläche mit Beachtung von Kriterien wie Patientenfluss, Arbeitsplatzgestaltung (OP), bauliche Maßgaben, etc.
Hinweise	Exakte Kenntnis der Einrichtungsdimensionen ist eine wesentliche Voraussetzung
Vorteile	Geringer Aufwand. Relativ genau und optisch aussagekräftiges Ergebnis
Nachteile	Zahlreiche Unsicherheiten (dient nur als Grundlage für erste flächenbezogene Überlegung) und hoher Kostenaufwand vor allem bei dreidimensionalen Modellen
Anwen-dung	Flächenbedarfsermittlung für die Grobplanung der Bereiche, wie beispielsweise Ambulanz oder Notaufnahme. Die Methode eignet sich insbesondere für die grobe Vorkalkulation der Kliniken

Quelle: vgl. (Kettner 1987)

Die wichtigsten Kennzahlen zur Flächenbedarfsermittlung:

1. Flächenbedarf $= \frac{\text{Fläche}}{\text{Beschäftigen}}$ (m^2/Beschäftigten),

2. Flächenbedarf $= \frac{\text{Fläche}}{\text{Operationen}}$ (m^2/Operation),

3. Flächenbedarf $= \frac{\text{Fläche}}{\text{Umsatz}}$ (m^2/€ Umsatz),

4. Flächenbedarf $= \frac{\text{Fläche}}{\text{Fallzahlen}}$ (m^2/Fall),

5. Flächenbedarf $= \frac{\text{Fläche}}{\text{Planbett}}$ (m^2/Planbett).

Haus A: 38.250 m^2 / 850 Planbetten

$$\text{Flächenbedarf} = \frac{\text{Fläche}}{\text{Planbetten}} \quad 45 \,(\text{m}^2/\text{Planbett})$$

Haus B: 5250 m^2 / 150 Planbetten

$$\text{Flächenbedarf} = \frac{\text{Fläche}}{\text{Planbetten}} \quad 35 \,(\text{m}^2/\text{Planbett})$$

2.5.1.5   Funktionale Flächenermittlung – R3

Kurzbe-schreibung	Diese Methode basiert auf umfangreichen statistischen Untersuchungen. Hierzu wird eine statistisch abgesicherte Stichprobe aus der Grundgesamtheit unterschiedlicher Kliniken erhoben. Auf Basis dieser Informationen können Datenbanken angelegt werden, welche die durchschnittlichen Flächenbedarfe auf allen Ebenen (Bereich bis Arbeitsplatz) des Krankenhauses abdecken
Vorgehens-weise	Bei der Ermittlung wird die Klinikfläche in Teilflächen gegliedert. Die Teilflächen werden differenziert in Hauptwertschöpfungsfläche, Nebennutzungsflächen und Supportflächen. Dabei werden die einzelnen Flächen mithilfe von Funktionen abgeleitet *Beispiel:* *Hauptwertschöpfungsfläche (H):* Operationssaal, Behandlungsraum *Nebennutzungsflächen (N):* Einleitungsflächen, Ausleitungsflächen *Supportflächen (S):* Flächen zur Vorbereitung des OP (Rüstflächen)
Hinweise	Bislang keine statistischen Erhebungen im Gesundheitswesen Kenntnisse der Betriebsmittelgeometrien (z. B. das Volumen oder die Grundfläche eines MRTs oder OP-Tisches) sind notwendige Voraussetzung
Vorteile	Schnelle und weitgehend abgesicherte Methode zur Feinplanung des Flächenbedarfs
Nachteile	Keine Berücksichtigung von detaillierten Einflüssen der Arbeitsplatzgestaltung, z. B. Feinanordnung der Ausrüstungen, gewählte Operationsformen, Gestaltung der Förder- und Lagerprozesse. Innovative Einflüsse werden zunächst nicht beachtet
Anwen-dung	Die Methode kann im Anschluss an die Flächenbedarfsermittlung mittels Kennzahlen eingesetzt werden. Die Grob ermittelten Flächen können so weiter Detailliert werden und in ein Feinlayout der Klinik überführt werden

Quelle: vgl. (Grundig 2009)

Tab. 2.1 Branchenspezifische Flächenkennzahlen (Beispiel). (Quelle: (Grundig 2009))

Branche	Kennzahl (m^2/Besch.)	Mittelwert
Metallwaren		
Technische Eisenwaren	60–100	80
Schmiederei, Schlosserei	60–100	80
Sonstige Werkstätten	60–100	80
Geräte für Industrie, Landwirtschaft und Gewerbe	70–110	80
Reparaturwerkstätten für Konsumption	70–110	80
Draht und Drahtwaren	80–150	120
Metallbedarfserzeugnisse für Konsumption	80–150	120

Tab. 2.2 Flächenrichtwerte nach DIN 277 (Beispiel)

Flächenrichtwerte	NF nach DIN 277
Funktionsbereiche DIN 13080	Fläche je Bett NF/m^2
1.00 Untersuchung und Behandlung	12,0
1.09 Operation	
Operationsraum	*H*
Einleitung	*N*
Ausleitung	*N*
Waschraum	*N*
Gipsraum	*N*
Aufwachraum	*N*
Geräteraum	*S*
Sterilgutlager	*S*
…	
2.00 Pflege	18,0
3.00 Verwaltung	2,0
4.00 Soziale Dienste	3,0
5.00 Ver- und Entsorgung	7,0
Summe	42,0

2.5.1.6   Flächenbedarfsermittlung mittels Zuschlagsfaktoren – R3

Kurzbe-schreibung	Der notwendige Gesamtflächenbedarf setzt sich aus der Summe der Einzelflächen-bedarfe zusammen. Die Methode verfolgt damit den Grundsatz von innen nach außen (bottom up) zu planen Zunächst wird aus der Grundfläche des Betriebsmittels (z. B. OP-Tisch) abge-leitet und um zusätzliche Flächenbedarfe (z. B. Logistikfläche) erweitert. Die Ausrüstungsgrundflächen und Flächenbedarfe der Zuschlagfaktoren können aus Katalogen, Erfahrungswerten oder auch im Rahmen von Expertenworkshops abge-leitet werden
Vorgehens-weise	Der Arbeitsplatzflächenbedarf wird aus der Ausrüstungsgrundfläche, wie bei-spielsweise dem OP-Tisch, abgeleitet und um zusätzliche Flächenbedarfe (Zuschlagsfaktoren) erweitert Die notwendigen zusätzlichen Flächenbedarfe richten sich in erster Linie nach dem Umfang der logistischen Versorgung sowie notwendigen Wartungs- und Instand-haltungsflächen für medizinische Geräte
Hinweise	–
Vorteile	Berücksichtigung von Einflüssen wie Operationsverfahren, Pflegeform oder Flä-chenüberlagerung Sehr genaue Vorstellungen zur Gestaltung des Krankenhausbereichs können in die Flächenbestimmung eingebracht werden (z. B. Bereitstellungsflächen für OP-Besteck)
Nachteile	Sollten keine Erfahrungswerte vorliegen, ist der Initialaufwand für die Definition der Grunddaten (Zuschlagsfaktoren oder Betriebsmittelgrundfläche) sehr hoch Fehler bei der Definition der Zuschlagsfaktoren können eine generalisierte Über-dimensionierung der Bereiche nach sich ziehen
Anwen-dung	Die Methode wird im Rahmen der Detailplanung eingesetzt. Durch den Einsatz der Methode kann die benötigte Fläche für die unterschiedlichen Fachbereiche der Klinik sehr genau berechnet werden. Ebenso bietet die Methode die Möglichkeit Wachstumsflächen über die Zuschlagsfaktoren einzukalkulieren

Quelle: vgl. (Kettner 1987)

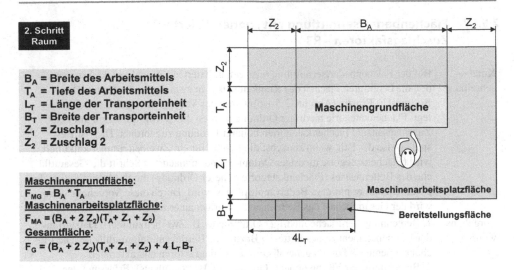

2. Schritt
Raum

B_A = Breite des Arbeitsmittels
T_A = Tiefe des Arbeitsmittels
L_T = Länge der Transporteinheit
B_T = Breite der Transporteinheit
Z_1 = Zuschlag 1
Z_2 = Zuschlag 2

Maschinengrundfläche:
$F_{MG} = B_A * T_A$
Maschinenarbeitsplatzfläche:
$F_{MA} = (B_A + 2\,Z_2)(T_A + Z_1 + Z_2)$
Gesamtfläche:
$F_G = (B_A + 2\,Z_2)(T_A + Z_1 + Z_2) + 4\,L_T\,B_T$

Abb. 2.15 Flächenbedarfsermittlung nach Nestler, orthogonales System. (Kettner 1987)

Abb. 2.16 Anwendung
Flächenbedarfsermittlung OP,
radiales System, Grafik. (Neufert 2009)

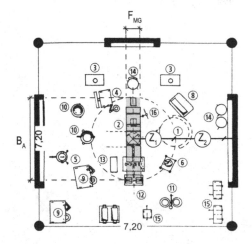

2.5.1.7 Flächenbedarfsermittlung mit „generalisierten" Zuschlagsfaktoren – R3

Kurzbe-schreibung	Bei der Flächenbedarfsermittlung mit „generalisierten" Zuschlagsfaktoren werden die benötigten Flächen des Krankenhauses in zwei Stufen bestimmt. Das Bottom-Up-Prinzip (Abschn. 2.5.1.6) wurde der Vorgehensweise zugrunde gelegt. Flächenkategorie niedriger Ordnung werden durch Multiplikation mit einer Zuschlagsanzahl Flächenkategorien höherer Ordnung zugeordnet. Dies ist Beispielsweise der Fall, wenn zunächst die Fläche für ein Zweibettzimmer kalkuliert wird (Flächenkategorie niedriger Ordnung) und im nächsten Schritt die Gesamtfläche des Bettenhauses (Flächenkategorie höherer Ordnung) durch Multiplikation der Zweibettzimmer mit dem Bedarf multipliziert wird. Durch diese Vorgehensweise wird der Gesamtbedarf des Bettenhauses sehr genau ermittelt
Vorgehens-weise	1. Berechnung der Fläche niedriger Ordnung (z. B. Zweibettzimmer), Darstellung der Flächenelemente eines Bettes in Bezug zur Betriebsmittelgrundfläche. Die Flächenelemente sind durch generalisierte Zuschlagfaktoren charakterisiert 2. Berechnung der Fläche höherer Ordnung (z. B. Bettenhaus), Erfassung der Zweibettzimmer sowie spezielle Flächenelemente wie beispielsweise Pflegesonderflächen oder Informationsterminals durch generalisierte Zuschlagsfaktoren
Hinweise	Die Flächenbedarfsermittlung mittels generalisierten Zuschlagsfaktoren setzt eine abgesicherte Datengrundlage voraus
Vorteile	Deutlich zuverlässigere Zuschlagsgrößen als in den Methoden der Grobplanung
Nachteile	Die Definition der Zuschlagsfaktoren muss abgesichert erfolgen, da Fehler schwerwiegende Folgen für die Gesamtkalkulation haben können
Anwen-dung	Die Methode kann für alle Bereiche des Krankenhauses angewendet werden. Insbesondere findet die Methode Anwendung bei der Dimensionierung der Bettenhäuser

Quelle: vgl. (Kettner 1987)

Abb. 2.17 Anwendung
Flächenbedarfsermittlung
Patientenzimmer, Grafik.
(Neufert 2009)

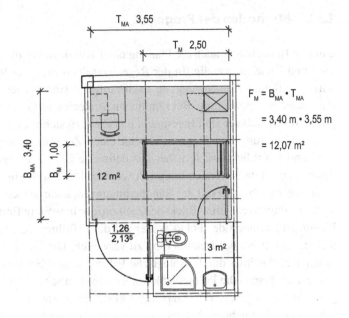

$F_M = B_{MA} \cdot T_{MA}$

$= 3,40 \text{ m} \cdot 3,55 \text{ m}$

$= 12,07 \text{ m}^2$

2.5.2 Methoden der Prognose

Um den Betrieb aber auch die Planung einer Klinik sicher planen zu können, sind Strategien und Ziele notwendig. In der Regel verfolgen diese Ziele ein stabilen Ablauf oder wirtschaftlichen Aufschwung. Je nach Aufgabe sind jedoch unterschiedliche zeitliche Parameter von Bedeutung. Bei sämtlichen Strategien gilt jedoch, je zuverlässiger die Prognose, desto sicherer sind Investment und Ziele zu sichern.

Die Erstellung von Prognosen weißt einen Zusammenhang zwischen Detailierungsgrad und Fernblick auf. Je näher das definierte Ziel, z. B. bei kurzfristigen Planungen, desto mehr Details können integriert werden. Die kurzfristige Planung ermöglicht eine genauere Abschätzbarkeit der Randbedingungen, kann jedoch schlecht auf nachträgliche Veränderungen reagieren. Rückt der Zielkorridor in weitere Entfernung, bei mittelfristigen Planungen, wandert der Fokus weiter auf die Erfüllung des Ziels durch bestimmte Strategien, anstatt bei der Detaillierung zu verweilen. Die langfristigen Ziele definieren sich in der Regel primär durch strategische Fahrpläne und Entwicklungsszenarien. An dieser Stelle wird bereits die Problematik des Bauens deutlich, da Bauprozesse zu den langfristigen Planungen gehören. Konzeptentwicklung, Finanzierung, der Bau selbst aber auch die Inbetriebnahme nehmen bereits einen erheblichen zeitlichen Aufwand in Anspruch. Um darauffolgenden einen sicheren Betrieb über die Jahre zu gewährleisten ist die Kombination aus Strategien und Prognose von erheblicher Bedeutung.

Die Methoden der Prognose sollen daher Aufschluss über eine mögliche Herangehensweise und Informationsbeschaffung bieten. Erprobte Verfahren aus dem Industriesektor können daher adaptiert werden und auch im Krankenhausbereich ihre Anwendung finden. Die Zuverlässigkeit und der erforderliche Aufwand einer Methode stehen jedoch häufig in direktem Zusammenhang. Daher sind präzise Aussagen und Erkenntnisse nur mit entsprechender Sorgfalt und Datengrundlage möglich. Exakte Zahlen und Berichte aus vorrangegangenen Betriebsjahren und Dokumentation von bereits erfolgten Maßnahmen, inklusive Auswertung der positiven oder negativen Auswirkungen, können erheblichen Einfluss auf weitere Planungsaktivitäten haben.

Ein anderer wichtiger Aspekt ist die Integration und Berücksichtigung von Expertenmeinungen. Zum einen finden sich in den Kliniken häufig langjährige Mitarbeiter, deren Erfahrungen von großem Wert sein können. Zum anderen können für bestimmte Entscheidungen auch externe Fachleute und Experten konsultiert werden, um mögliche Fehlstellen in der eigenen Personalstruktur auszugleichen. Unabhängig von der Herangehensweise sollten jedoch alle Ergebnisse im Team gesammelt und bewertet werden. Die Bewertung nach objektiven Kriterien kann Fehlentscheidungen die durch z. B. allgemeinen Unmut in einer Klinik ausgelöst wurden, zuverlässig umgehen und auch zu richtigen Entscheidungen führen, die zunächst gar nicht in Betracht gezogen wurden.

Die aufgeführten Methoden können für diverse Fragestellungen angewandt werden. Herangehensweise und Art der Durchführungen können jedoch völlig unterschiedliche Ergebnisse zu Tage führen. Der Krankenhausbetrieb kann Fragestellungen zu planbaren und nicht planbaren Ereignissen aufwerfen. Planbare Ereignisse können beispielsweise regelmäßige oder wiederkehrende Prozesse, Entscheidungen und Planungsaktivitäten sein. Hier lassen sich in der Regel relativ zuverlässige Prognosen treffen. Problematischer ist die Bewertung von unregelmäßigen Ereignissen, Sonderfällen und außerplanmäßigen Situationen. Diese Ereignisse sind jedoch im hochkomplexen Bereich der Gesundheitsbranche keine Seltenheit. Die langfristige Planung von Fallzahlen, Behandlungsmethoden und somit auch baulichen Rahmenbedingungen wird so erheblich erschwert.

Statistische Verfahren, die die Vergangenheit zahlentechnisch erfassen, analysieren und einen möglichen Verlauf ermitteln, können kurz- bis mittelfristig zum Erfolg führen, haben jedoch langfristig ihre Grenzen. Technische Neuerungen und technologischer Fortschritt, Trends und demografische Entwicklungen schränken die Planbarkeit ein. Ergänzend können diese Entwicklungen einen erheblichen Einfluss auf Bauaufgaben und Anforderungen an Gebäude haben, die nachträglich häufig kaum zu bewerkstelligen sind.

Bei allen auf Prognosen basierenden Entscheidungen bleibt jedoch zu berücksichtigen, dass keine Sicherheit gewährleistet werden kann. Lediglich die Rahmenbedingungen können eingegrenzt und worst-case-Szenarien zuverlässiger bestimmt werden.

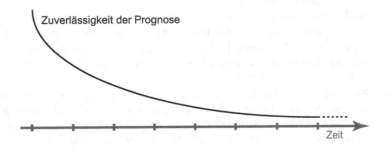

Abb. 2.18 Zuverlässigkeit von Prognosen

2.5.2.1   Delphi-Methode – R3

Kurzbe-schreibung	Bei der Delphi-Methode wird ein Expertenteam aus Schlüsselmitarbeitern des Krankenhauses zusammengestellt, um eine Prognose zu generieren. Die Auswahl der Mitarbeiter sollte fach- und themenspezifisch erfolgen und ausschließlich Experten ihres Fachgebietes, beispielsweise der Chirurgie, betreffen. Das Ziel ist es, während zahlreicher Befragungen eine Übereinstimmung der Einzelprognosen je Fachexperte zu erreichen. Ebenfalls wird die Spannbreite der Expertenmeinungen verringert. Die Prognose durchläuft mehrere Runden. Zwischen den Runden werden die Informationen Rückgekoppelt und die bis dahin erreichten Ergebnisse ausgewertet
Vorgehens-weise	1. Die Experten (Ärzte, Pflegepersonal, etc.) werden über ihre Einschätzungen oder Urteile zum Sachverhalt mittels formalen Fragebogens befragt 2. Evaluation der Antworten. Differenzierung der Aussagen, die die Antworten der Mehrheit entsprechen und in Antworten, die sich davon stark unterscheiden 3. Vorlage der Ergebnisse zur Revidierung und Verfeinerung. Dabei werden die Prognosen überprüft, abgefragte Sachverhalte neu eingeschätzt und ggf. extreme Abweichungen vom Durchschnitt diskutiert/begründet 4. Schritte 2. und 3. werden solange durchlaufen, bis eine Annäherung der Expertenmeinungen zu beobachten ist
Hinweise	Die Experten bleiben anonym. Ebenso erfolgt die Auswahl der Experten sorgfältig und muss ausgewiesene Fachkräfte aus den betroffenen Bereichen einbeziehen
Vorteile	Anonymität der Teilnehmer, Berücksichtigung aller fremden Einschätzungen Stabilität der Meinungen, aus der Übereinstimmung = zuverlässiges Ergebnis Anpassbarkeit an jedes Problem
Nachteile	Bei der Änderung der Meinungen, entscheiden sich die Experten meistens in Richtung der vorherrschenden Meinung, egal ob sie mit der besten Meinung übereinstimmt oder nicht. Die Delphi-Methode ist zeit- und kostenintensiv, aufgrund der wiederholten Befragungen in Zeitabständen von mehreren Wochen
Anwen-dung	Die Delphi-Methode wird im Krankenhausbau bei der Einschätzung von Zukunftsszenarien (bspw. Veränderung von Krankheitsbildern und deren möglichen Auswirkung auf das Krankenhaus) angewendet. Es bieten sich an vorab eine Szenario-Analyse durchzuführen, um den Untersuchungsbereich sinnvoll einzugrenzen

Quelle: vgl. (Schmigalla 1995), (Reich 2006), (Steinbauer 2006), (Steinmüller 2006)

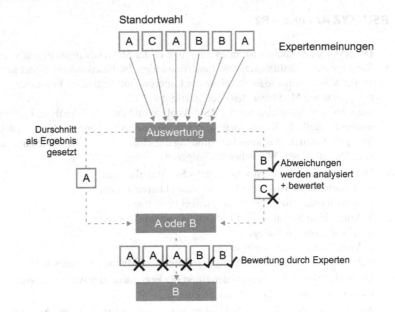

Abb. 2.19 Anwendung Delphi-Methode

2.5.2.2 RSU/XYZ Analyse – R2

Kurzbe-schreibung	Die RSU/XYZ-Analyse hat ihren Ursprung in der Materialwirtschaft und Logistik. Sie dient der Klassifizierung von Lagerbeständen. Im Krankenhaus eignet sich diese Methode insbesondere für Bereiche der Lagerung mit kritischen Produkten, wie beispielsweise Medikamenten oder Sterilgut Sie setzt sich zusammen aus der RSU-Analyse und der XYZ-Analyse. Eine Erweiterung stellt die Kubus-Analyse dar. Neben der Nachfrage wird die zeitliche Komponente in die Entscheidungsfindung mit einbezogen (z. B. Umschlaghäufigkeit, Durchlaufzeit, Wiederbeschaffungszeit)
Vorgehens-weise	Die Vorgehensweise lässt sich in sechs Schritte gliedern: 1. Historische Bedarfszeitreihen der Artikel bereitstellen, 2. Variationskoeffizienten für die Artikel berechnen, 3. Kumulierte Variationskoeffizienten aufsteigend sortieren, 4. Klassengrenzen festlegen, 5. Visualisierung der Daten sowie 6. Konsequenzen aus XYZ-Analyse ableiten und Maßnahmen umsetzen
Hinweise	Die RSU- bzw. XYZ-Analyse detailliert die Ergebnisse der ABC-Analyse und sichert so die Entscheidungsfindung weiter ab
Vorteile	Analyse komplexer logistischer Zusammenhänge im Krankenhaus (Medikamenten-lagerung) Probleme mit einem vertretbaren Aufwand Einfache Anwendbarkeit Methode kann auf unterschiedliche Bereiche übertragen werden Sehr übersichtliche und graphische Darstellung der Ergebnisse
Nachteile	Sehr grobe Einteilung in drei Klassen Einseitige Ausrichtung auf ein Kriterium Es werden keine qualitativen Faktoren berücksichtigt Bereitstellung konsistenter Daten als Voraussetzung.
Anwen-dung	Die Methode eignet sich insbesondere für logistische und materialwirtschaftliche Problemstellung in den Bereichen: Lagerung und Transportsteuerung von Medikamenten, Sterilgutversorgung oder Nahrungsmittelversorgung

Quelle: vgl. (Grochla 1983)

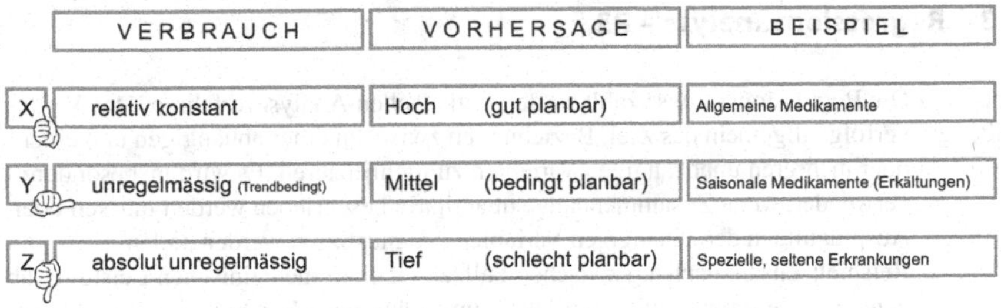

VERBRAUCH	VORHERSAGE	BEISPIEL
X ☞ relativ konstant	Hoch (gut planbar)	Allgemeine Medikamente
Y ☞ unregelmässig (Trendbedingt)	Mittel (bedingt planbar)	Saisonale Medikamente (Erkältungen)
Z ☞ absolut unregelmässig	Tief (schlecht planbar)	Spezielle, seltene Erkrankungen

Abb. 2.20   Anwendung XYZ-Analyse

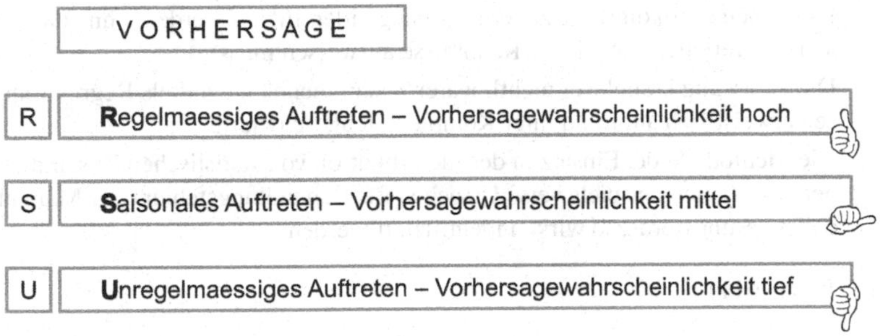

VORHERSAGE
R **R**egelmaessiges Auftreten – Vorhersagewahrscheinlichkeit hoch ☞
S **S**aisonales Auftreten – Vorhersagewahrscheinlichkeit mittel ☞
U **U**nregelmaessiges Auftreten – Vorhersagewahrscheinlichkeit tief ☞

Abb. 2.21   Anwendung RSU-Analyse

Material	XYZ	RSU	z.B. Anzahl/Monat
Medikamente, allgemein	X	R	150
Medikamente, saisonal	Y	S	5 – 500
Medikamente, seltene Erkrankungen	Z	U	0 -10
Toilettenpapier (Rolle)	X	R	500
Kittel (Stück, neu)	X	R	15

Abb. 2.22   Beispiel RSU-Analyse

2.5.2.3   Regressionsanalyse – R3

Kurzbe-schreibung	Die Regressionsanalyse zählt zu den statistischen Analyseverfahren. Das Verfahren verfolgt allgemein das Ziel, Beziehungen zwischen einer abhängigen und einer oder mehreren unabhängigen Variablen zu identifizieren. Es wird insbesondere verwendet, wenn Zusammenhänge quantitativ beschrieben werden müssen oder Ausprägungen der abhängigen Variablen prognostiziert werden sollen Beispiel: Zusammenhang zwischen Fallzahlen einer medizinischen Leistung (abhängiges Merkmal) und dessen DRG (unabhängiges Merkmal)
Vorgehens-weise	1. Datenaufbereitung 2. Modellanpassung 3. Modellvalidierung 4. Prognose 5. Variablenauswahl und Modellvergleich
Hinweise	Das Regressionsmodell liefert sehr gute und belastbare Ergebnisse, wenn die Datenbasis, wie zum Beispiel die Fallzahlen oder Besucherzahlen, von hoher Qualität ist
Vorteile	Es können sehr komplexe Zusammenhänge identifiziert werden, ohne dass die Person tiefgreifende statistische Kenntnisse aufweisen muss
Nachteile	Die Erfassung komplexer nichtlinearer Zusammenhänge mittels Regressionsanalysen erweist sich aufgrund ihrer Komplexität als schwierig
Anwen-dung	Die Methode findet Einsatz in der Identifikation von statistischen Zusammenhängen. Es können beispielsweise Ursachen für Behandlungsfehler oder Maßnahmen die genesungsfördernd wirken identifiziert werden

Quelle: vgl. (Urban 2011)

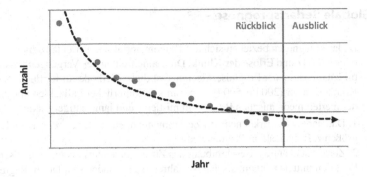

Abb. 2.23 Regressionsanalyse. (Vgl. (Klinikum Aktuell, Dez. 2008, Ausgabe Nr. 18, Qualitätsbericht Klinikum Braunschweig 2005, 2006, 2008, 2010, Geschäftsbericht 2012)

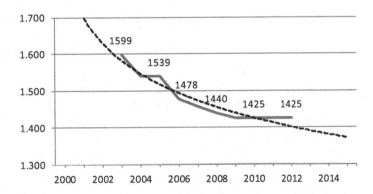

Abb. 2.24 Anwendung Regressionsanalyse. (Datenquelle: Klinikum Aktuell, Dez. 2008, Ausgabe Nr. 18, Qualitätsbericht Klinikum Braunschweig 2005, 2006, 2008, 2010, Geschäftsbericht Klinikum Braunschweig 2012)

2.5.2.4   Globale Bedarfsprognose – R3

Kurzbe-schreibung	Bedarfsprognosen beziehen sich auf Datenmaterial wie Patientenzahlen, Fallzahlen oder Umsatz und Erlöse der Klinik. Die Zahlenreihen der Vergangenheitsdaten bilden die Basis der Prognose. Geeignet ist diese Methode für mittlere bis große Krankenhäuser (200 bis 500 Betten) mit kontinuierlicher Fallzahlen und einem definierten medizinischen Programm mittlerer und langfristiger Planung
Vorgehens-weise	1. Datenanalyse – Erkennen von Zusammenhängen zwischen relevanten Einfluss-größen z. B. Fallzahlen/Personalbedarf 2. Zusammenhänge – Beschreibung des Zusammenhangs als mathematische Funktion mittels mathematischer Verfahren u. a. Trendextrapolation, Regressions-rechnung (einfache und mehrfache Stufenregression) und Korrelationsrechnung 3. Funktionswert – Ermittlung des Funktionswertes (Personalbedarf) für einen zu-künftig angenommenen Wert (Absatzmenge, Prognose, Extrapolation)
Hinweise	Voraussetzung ist eine lückenlose Dokumentation der letzten Perioden in Form von Statistiken oder Datenreihen
Vorteile	Korrektur der Trendprognose im Hinblick auf aktuelle technische oder rechtliche Einflussgrößen
Nachteile	Keine Berücksichtigung von spontanen Veränderungen Geringe Zuverlässigkeit, wenn Veränderungen sich spontan/kurzfristig einstellen
Anwen-dung	Fallzahlenprognose, Bedarfsprognose

Quelle: vgl. (Kettner 1987), (Schmigalla 1995), (Refa 1992)

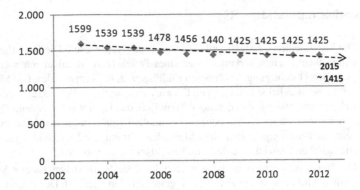

Abb. 2.25 Anwendung Trendextrapolation, 0-Punkt-Skala. (Quelle: Klinikum Aktuell, Dez. 2008, Ausgabe Nr. 18, Qualitätsbericht Klinikum Braunschweig 2005, 2006, 2008, 2010, Geschäftsbericht Klinikum Braunschweig 2012)

2.5.2.5   Trendextrapolation – R3

Kurzbe-schreibung	Die Methode der Trendextrapolation basiert auf Hypothesen. Die Hypothesen folgen mathematischen Verlaufsformen eines Trends (z. B. Medikamentenverbrauch) ohne Berücksichtigung von äußeren Einflüssen (z. B. Grippewelle). Die Methode stellt einer möglichst langfristigen Entwicklung durch das Fortschreiben der Grundrichtung einer bereits existierenden Trendlinie dar. Es gibt verschiedene Trends, den linearen, parabolischen oder exponentiellen Trend. In der strategischen Krankenhausplanung eignet sich diese Methoden sehr gut, um Entscheidungen bei der strategischen Entwicklung des Krankenhauses zu unterstützen
Vorgehens-weise	Die Trendextrapolation zur Bestimmung des Bedarfs von beispielsweise Medikamenten wird heute in der Praxis noch graphisch durchgeführt. Der Bedarf in den Vergangenheitsperioden wird als Kurve in einem Koordinatensystem über den Zeitperioden aufgetragen und der Trend als Trendlinie eingezeichnet Für das Auftragen der Trendfunktion können unterschiedliche Verfahren eingesetzt werden: Freihandmethode/lineare Trendextrapolation/exponentielle Glättungsverfahren/gleitende Durchschnitte
Hinweise	–
Vorteile	Sehr sichere Methode, wenn die vergangene Zeitperiode lang und betrieblich stabil war Die Methode ist effizient und einfach anzuwenden
Nachteile	Im Rahmen von unvorhersehbaren Veränderungen unsicher Tiefgreifende Veränderungen müssen schnellstmöglich identifiziert werden
Anwendung	Die Trendextrapolation eignet sich im Rahmen der Krankenhausplanung insbesondere für die Personalbedarfsplanung, die Medikamentenverbrauchprognose oder die Definition von zünftigen Krankheitsbildern

Quelle: vgl. (Kettner 1987), (Winkelmann 2010)

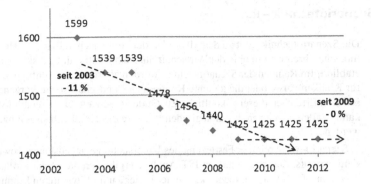

Abb. 2.26 Anwendung Trendextrapolation, angepasste Skala. (Quelle: Klinikum Aktuell, Dez. 2008, Ausgabe Nr. 18, Qualitätsbericht Klinikum Braunschweig 2005, 2006, 2008, 2010, Geschäftsbericht Klinikum Braunschweig 2012)

2.5.2.6   Szenariotechnik – R3

Kurzbe-schreibung	Die Szenariotechnik zählt zu den Methoden der strategischen Planung. Die Methode hat ihren Ursprung in der Wirtschaft als auch Politik und hat sich langfristig etabliert. Im Rahmen der Szenariotechnik werden alternative zukünftige Szenarien für Krankenhäuser oder die gesamte Krankenhauslandschaft sowie Vorgehensweisen zum Erreichen dieser zukünftigen Zustände entwickelt. Die Szenariotechnik kann in allen Bereichen der strategischen Planung des Krankenhauses eingesetzt werden
Vorgehens-weise	1. Szenario-Vorbereitung: Festlegung des Untersuchungsgegenstandes sowie des Zeithorizonts. Zusammen mit der IST-Analyse ergibt sich die Szenario-Plattform 2. Szenariofeld-Analyse: Identifikation der in der Zukunft wichtigen Einflussfaktoren 3. Szenario-Prognostik: Entwicklung von alternativen Entwicklungsmöglichkeiten für die Schlüsselfaktoren 4. Szenario-Bildung: Analyse der Verträglichkeit der alternativen Entwicklungsmöglichkeiten 5. Szenario-Transfer: Auf Grundlage der erstellten Szenarien erfolgt die Entwicklung zukunftsrobuster Leitbilder, Ziele und Strategien
Hinweise	Es stehen ausreichend Softwarelösungen zur Verfügung, welche die Vorgehensweise vereinfachen. Insbesondere frei verfügbare Excel Tools lassen sich im Rahmen der Planung einfach einsetzten
Vorteile	Verbindet entwickelte Strategien mit bestimmten Voraussetzungen Horizont der Entscheidungsverantwortlichen vergrößert Vielseitig einsetzbar Verbesserung/Verfeinerung der Planungsmethodik
Nachteile	Mit der Zunahme von Einflussfaktoren kann sich die Methode als sehr aufwendig gestalten Durch Verringerung der Komplexität können Fehleinschätzungen auftreten
Anwen-dung	Strategieentwicklung für Krankenhäuser, Risikoeinschätzung bei strategischen Entscheidungen mit einem Zeithorizont von mehr als 15 Jahren (Klinikneuplanung)

Quelle: vgl. (Gausemeier 1996)

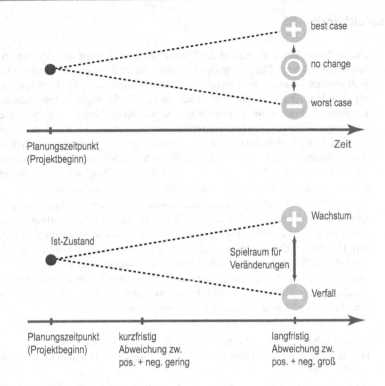

Abb. 2.27 Anwendung Szenariotechnik

2.5.2.7   Spieltheorie – R3

Kurzbe-schreibung	Die Methode dient der Analyse des Entscheidungsverhaltens von Beteiligten in Konfliktsituationen. Der Erfolg des Einzelnen ist im Rahmen der Methode nicht nur vom eigenen Handeln, sondern auch von den Aktionen anderer Beteiligten abhängig. Den Ursprung findet diese Methode im Militär. Strategische Entscheidungen in Konfliktsituationen sollen vorausgesagt und hierdurch Züge der anderen Beteiligten und mögliche Reaktionen vorbereitet werden. Im Kontext der Krankenhausplanung eignet sich diese Methode insbesondere zur Analyse der Wettbewerbssituation. Im Krankenhausbereich können unterschiedliche Szenarien und Verhaltensweisen der Wettbewerber (bspw. Entwicklung des medizinischen Programms) durchgespielt und entsprechende Reaktion in einem fiktiven Umfeld durchdacht werden
Vorgehens-weise	Die Spieltheorie bietet in diesem Zusammenhang den theoretischen und methodischen Bezugsrahmen. Die Methode befähigt den Anwender dazu unterschiedliche einem theoretischen Modell aufzubauen und verschiedene Situationen zu erproben. Der Begriff des Spielens ist im Rahmen der Anwendung wörtlich zu nehmen. Ähnlich wie bei einem strategischen Brettspiel versucht jeder Beteiligte das ihn maximale bzw. beste Ergebnis zu erreichen. In der Beschreibung wird definiert, welche Spieler teilnehmen, welche Vorgehensweise das Spiel verfolgt und welche Handlungsmöglichkeiten jedem Spieler Verfügung stehen
Hinweise	–
Vorteile	Theoretische Abschätzung unterschiedlicher Konkurrenzszenarien Durchdringung unterschiedlicher Verhaltensvarianten: z. B. Patienten, Konkurrenten, Besucher, etc
Nachteile	Unterschiedliche Ausgangssituation und Verfahrensmethoden liefern unterschiedliche Ergebnisse Um die gewünschten Ergebnisse zu erhalten, muss ein tiefgreifendes Verständnis der Methode vorhanden sein
Anwen-dung	Aufgrund der abstrakten Betrachtungsweise kann diese Methode sehr universal eingesetzt werden. Insbesondere eignet sich die Methode in den frühen Phasen der Krankenhausplanung, da die Ergebnisse wesentlich für die Auslegung des medizinischen und strategischen Versorgungsangebots genutzt werden können

Quelle: vgl. (Sieg 2005)

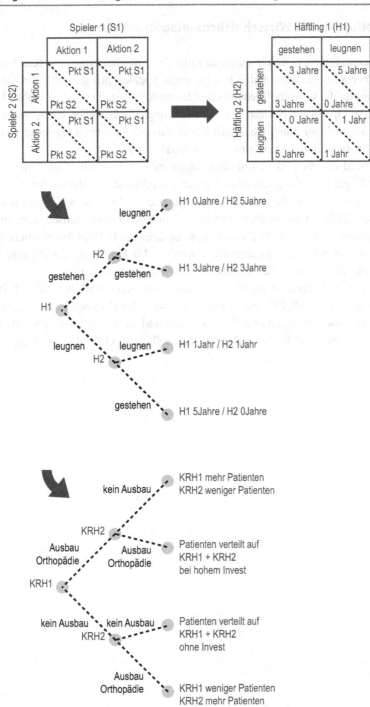

Abb. 2.28 Anwendung Spieltheorie

2.5.3   Methoden der Wirtschaftlichkeitsbetrachtung

Von besonderem Interesse sind bei jeder zu fällenden Entscheidung eines Krankenhausbe-
treibers immer auch die wirtschaftlichen Belange. Speziell private Betreiber legen einen
großen Fokus auf die Wirtschaftlichkeit einer Investition, gerade wenn es um die Entscheidungen bezüglich Abriss, Neubau oder Erweiterung von bestehenden Klinikstandorten
geht. Dementsprechend müssen Szenarien und Varianten monetär bewertet werden und
werden somit ebenfalls zu einem Entscheidungskriterium.

Die Auswahl der möglichen Entscheidungen müssen wirtschaftlich hinterfragt werden – in der Regel erfolgt hier ein Abgleich zwischen Varianten oder ein Vorher-Nachher-
Szenario. Die wirtschaftlichen Ziele können je nach Schwerpunktbildung des Hauses
und Betreiber völlig unterschiedlich aussehen. Zum einen können umsatzsteigernde Maßnahmen ergriffen werden, zum anderen können aber auch Betriebsoptimierungen und
Senkung von laufenden Kosten angestrebt werden. Im Hintergrund steht eine Kapital-
bewertung, die auch Einfluss auf die anstehende Entscheidung hat.

In der Regel gelten auch für die Methoden und Analysen der Wirtschaftlichkeit die An-
forderungen an eine möglichst genaue Datenerfassung der Parameter, um eine belastbare
Grundlage für Entscheidungen zu haben. Aktuelle und vor allem fortlaufend aktualisierte
Daten, auch über mehrere Betriebsjahre hinweg, sollten als Grundlage vorhanden sein.

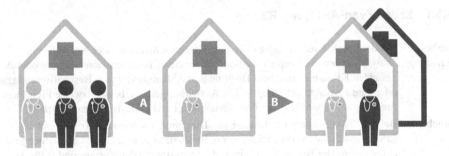

Abb. 2.29 Wirtschaftlichkeitsszenarien

2.5.3.1   Break-Even-Analyse – R2

Kurzbeschreibung	Bei der Break-Even-Analyse oder auch Gewinnschwellen- oder Nutzschwellenanalyse werden die Kosten und die Umsätze einer medizinischen Leistung oder des gesamten Klinikums in einem Diagramm in Abhängigkeit vom Beschäftigungsgrad oder Umsatzmenge aufgetragen. Die Auswirkungen von beispielsweise Preisänderungen können auf diese Art und Weise visualisiert und ausgewertet werden
Vorgehensweise	Bei der Visualisierung des Break-Even-Diagramms werden die Kosten und die Erlöse funktional in Abhängigkeit vom Beschäftigungsgrad oder Umsatzmenge aufgetragen. Der Break-Even-Punkt (der Schnittpunkt der Kosten- und Erlöskurve) charakterisiert den Punkt, der weder Gewinn noch Verlust aufzeigt. An diesem Punkt decken sich die Kosten mit den Einnahmen. Oberhalb des Break-Even-Punkts befindet sich der Gewinnbereich und unterhalb des Break-Even-Punkt der Verlustbereich
Hinweise	–
Vorteile	Einfache Anwendung des Entscheidungshilfsmittels Die Methode kann auf beliebigen Detaillierungsebenen angewendet werden (medizinische Angebote, Gesamtkrankenhaus)
Nachteile	Die Anwendung setzen ein weitestgehend lineares Verhalten der Kosten- und Umsatzentwicklung voraus Die Analyse ist rein statisch, da es auf Basis von vergangenen Daten und Ist-Daten beruht Eine dynamische Betrachtung und Prognose der Verlust- und Gewinnbereiche ist nicht möglich
Anwendungsgebiet	Die Break-Even-Analyse eignet sich sehr gut, um unterschiedliche Szenarien und deren finanzielle Auswirkungen gegenüberzustellen. Insbesondere bei Investitionsentscheidungen, wie beispielsweise der Investition in ein neues MRT, kann die Break-Even-Analyse schnell und anschaulich die Entscheidung der Beteiligten unterstützen

Quelle: vgl. (Kettner 1987), (Aggteleky 1987)

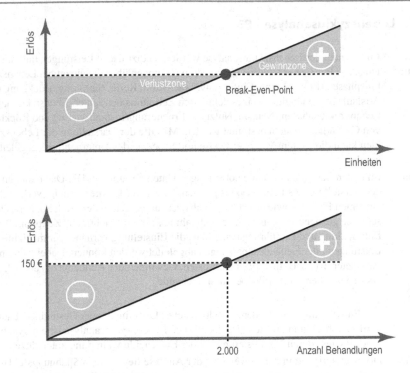

Abb. 2.30 Anwendung Break-Even Analyse

2.5.3.2 Lebenszyklusanalyse – R3

Kurzbe-schreibung	Im Rahmen der Lebenszyklusanalyse werden medizinische Leistungen und die Umsatz-, Preis-, Kosten- und Gewinnentwicklungen über die einzelnen Lebenszyklusphasen (Entwicklung, Einführung, Wachstum, Reife, Sättigung, Rückgang und Auslauf) in Abhängigkeit eines definierten Zeitraums betrachtet. Ebenso können die Lebenszyklusphasen (Neubau, Nutzung, Erneuerung/Instandsetzung und Rückbau) von Gesundheitsbauten bestimmt werden. Mithilfe der Darstellung der Lebenszyklen kann die weitere Vorgehensweise und Strategie des Unternehmens abgeleitet werden
Vorgehens-weise	Im ersten Schritt werden alle notwendigen Daten gesammelt. Die Daten dienen der Darstellung des Lebenszyklusgraphen. Dabei werden die zeitliche Verlauf der einzelnen Phasen sowie deren Gebrauchswert untersucht. Hierdurch können Rückschlüsse gezogen werden, welche Maßnahmen für den „richtigen" Zeitpunkt für die Entwicklung und Einführung neuer bzw. die Einstellung vorhandener medizinischer Leistungen oder Gebäudeanpassungen abgeleitet werden können. Dabei werden Parameter, wie z. B. Investitionen, Kosten, Gewinne oder Kundenutzen betrachtet. Diese Vorgehensweise gilt ebenso für Gebäude
Hinweise	–
Vorteile	Die Entwicklung verschiedener medizinscher Leistungen oder Gesundheitsbauten wird statistisch und grafisch visualisiert. Die Lebenszyklusanalyse ist ein dynamischer Prozess deren Visualisierung bei der Entscheidungsfindung unterstützen kann
Nachteile	Die Schwierigkeit in der Anwendung der Analyse liegt in dem Spannungsfeld der unterschiedlichen Interessensbereiche und deren sinnvoller Priorisierung
Anwen-dung	Die Lebenszyklusanalyse eignet sich für die Bewertung der aktuellen und zukünftigen Unternehmenssituation unter Berücksichtigung der unterschiedlichen zeitlichen Verläufe vom Klinikstandort über das Klinikgebäude bis hin zur medizinischen Leistung

Quelle: vgl. (Kettner 1987), (König 2009), (Buchholz 2013)

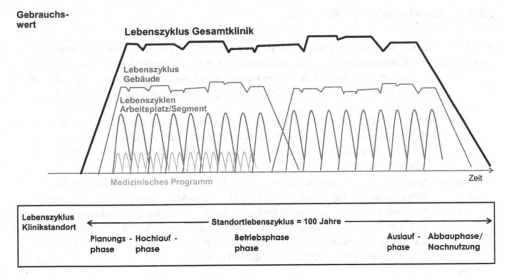

Abb. 2.31 Anwendung Lebenszyklusanalyse. (Kettner 1987)

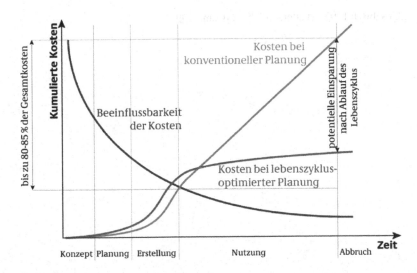

Abb. 2.32 Lebenszykluskosten. (laSalle 2008)

2.5.3.3   Benchmarking – R2

Kurzbe-schreibung	Unter Benchmarking wird eine Methode verstanden, mithilfe derer die Leistungen des Krankenhauses mit den Leistungen starker Wettbewerber im Gesundheitswesen abgeglichen werden. Neben den reinen Wettbewerbern hat es sich in den letzten Jahren etabliert auch herausragende Leistungen aus anderen Branchen zu analysieren und zu adaptieren Das Benchmarking lässt sich ebenso auf Dienstleistungen, wie beispielsweise Rehabilitationsangebote, anwenden. Hierbei werden die einzelnen Attribute der medizinischen oder pflegerischen Leistungen gemessen und mit dem eigenen Portfolio verglichen
Vorgehens-weise	Zunächst werden einzelne Prozesse, Dienstleistungen oder Funktionen für den Vergleich ausgewählt. Im nächsten Schritt werden Stärken und Schwächen standardisiert beschrieben der branchenbesten konkurrierenden Unternehmen ermittelt und analysiert. Die Analyseergebnisse werden dann einen Vergleich zum eigenen Unternehmen unterzogen. Durch den Vergleich werden Lücken in den Handlungsfeldern des eigenen Unternehmens identifiziert
Hinweise	–
Vorteile	Die Methode ermöglicht ein branchenübergreifendes Lernen von und mit Dritten Es können brancheninterne und branchenübergreifende Lösungen identifiziert und adaptiert werden
Nachteile	Wenn die Messgrößen für den Benchmark nicht standardisiert beschrieben und abgegrenzt werden, ist die Methode nicht durchführbar
Anwen-dung	Analyse der Konkurrenzsituation (DRGs und Fallzahlen) Kontinuierlich Optimierung

Quelle: vgl. (Sabisch 1997), (Patterson 1996), (Camp 1994)

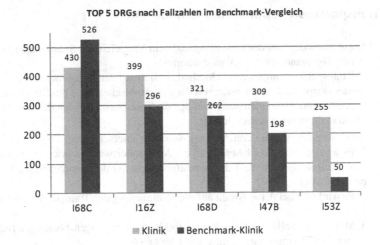

Abb. 2.33 Benchmarks DRGs. (Datenquelle: http://www.ruhl-consulting.de/beratung/krankenhausstrategie/benchmarking.html, 07.07.2015)

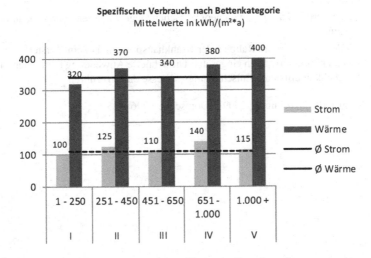

Abb. 2.34 Benchmarks Energieverbrauch. (Datenquelle: http://www.energieagentur.nrw.de/unternehmen/energieeffizienz-in-krankenhaeusern-4058.asp, 07.07.2015)

2.5.3.4 Transportkostenoptimierte Methode – R2

Kurzbe-schreibung	Diese Methode dient der Bewertung und dem Vergleich von Standortalternativen bei der Neuplanung eines Klinikstandortes Die transportkostenoptimierten Methode basiert auf der Annahme, dass alle betriebswirtschaftlichen Kosten von der geographischen Lage des Standortes unabhängig sind. Es werden ausschließlich die Transportkosten bei der Bewertung der Standortalternativen berücksichtigt
Vorgehens-weise	Beim Vorgehen werden drei Ausgangssituation unterschieden: 1. Es werden geometrische Faktoren bei der Standortwahl berücksichtigt. Hierbei werden ausschließlich die Transportentfernungen mit den dazugehörigen Volumen berücksichtigt 2. Es wird sich bei der Auswahl auf die Minimierung der Transportkosten fokussiert 3. Minimierung aller variablen Kosten (inklusive der mengenabhängigen Betriebskosten) bei Zusammenarbeit mehrerer Kliniken
Hinweise	–
Vorteile	Die Methode ist einfach und schnell anwendbar Schnelle Abschätzung und Vergleich verschiedenerer Standorte
Nachteile	Sehr starke Vereinfachung durch die Annahme eines linearen Verhaltens der Transportkosten Keine Berücksichtigung von geometrischen Gegebenheiten oder Verkehrsinfrastruktur
Anwen-dungsge-biet	Die Methode wird im Rahmen der Krankhausplanung bei einer ersten Bewertung von Standortalternativen eingesetzt. Die schnelle Anwendung bietet hierbei die Möglichkeit effiziente Entscheidungsprozesse durchzuführen

Quelle: vgl. (Kettner 1987), (Grundig 2009), (Domschke 1996)

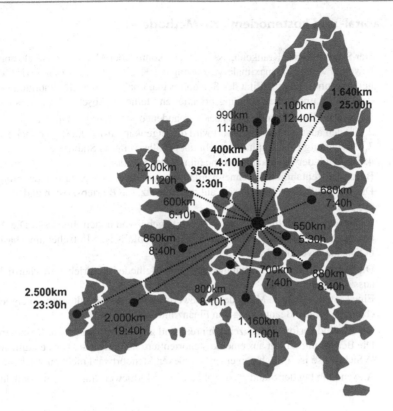

Abb. 2.35 Anwendung Transportkostenoptimierte Methode

2.5.3.5　Kapital- und kostenorientierte Methode – R3

Kurzbe-schreibung	Der Standort eines Krankenhauses wird im Kontext der Methode dann als optimal bewertet, wenn eine maximale Verzinsung des Kapitaleinsatzes erzielt wird. Das heißt, wenn die Rentabilität des Standortes maximal ist. Diese Rentabilität wird mit der kapital- und kostenrechnungsorientierten Methode (Abschn. 2.5.3.5) berechnet
Vorgehens-weise	1. Auswahl Bezugsstandort aus den vorhandenen Standortalternativen 2. Für den ausgewählten Standort wird die Eigenkapital-Rentabilität errechnet 3. Berechnung Eigenkapital-Rentabilität für alle weiteren Standorte 4. Vergleich der Eigenkapital-Rentabilität aller Standorte Bevor die Rentabilität errechnet werden kann, muss die Datenaufnahme erfolgen. Die Datenaufnahme bezieht sich auf den Umsatz, die Betriebskosten und den standortspezifischen Kapitaleinsatz
Hinweise	Aspekt der Rentabilität ist bspw. für Kapitalgeber von hohem Interesse. Die Anwendung der Methode liefert in dieser Form ebenfalls eine Entscheidungsbasis für potenziale Investoren bzw. Förderprogramme
Vorteile	Die kapital- und kostenrechnungsorientierte Methode ist betriebswirtschaftlich sehr aussagefähig Eine kostenorientierte Methode zur Bewertung von Standortalternativen eignet sich ebenfalls für die Beantragung von Finanzmitteln
Nachteile	Die Methode erfordert frühzeitig hinreichend genaue und belastbare Kostengrößen Die Bewertung erfolgt aus einer kostenorientierten Sichtweise. Eine eindimensionale Sichtweise ist im Rahmen einer komplexen Standortwahl nicht ausreichend
Anwen-dung	Anwendung bei der Standortauswahl und Standortbewertung von Krankenhäusern

Quelle: vgl. (Kettner 1987), (Grundig 2009)

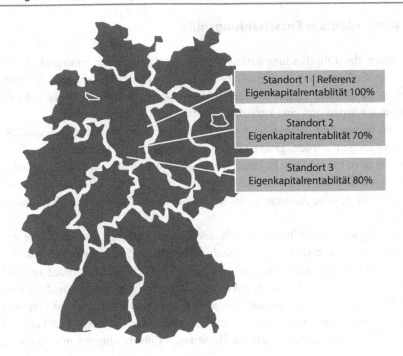

Abb. 2.36 Anwendung Kapital- und kostenorientierte Methode

2.5.4   Methoden der Entscheidungshilfe

Die Methoden der Entscheidungshilfe sollen es dem Anwender ermöglichen, bei einer ausstehenden Entscheidung nach qualitativen und objektiven Gesichtspunkten eine Auswahl treffen zu können. Zudem soll der monetäre sowie personelle Aufwand möglichst klein gehalten werden und eine kurzfristige Entscheidung begünstigen.

Trotz des begrenzten Aufwandes sollen verschiedene entscheidungsrelevante Aspekte in Betracht gezogen werden. Daher können besonders relevante Aspekte durch zusätzliche Kriterien bewertet werden. Ergänzend können natürlich auch wirtschaftliche Faktoren mit einbezogen werden. Zusammenfassend sollte es bei klar zu definierenden Kriterien bleiben, die eine genaue Aussage zulassen und die Gesamtbewertung nicht unnötig verkomplizieren.

Um ein möglichst zielführende Kommunikation und Diskussionsgrundlage zu schaffen, verfolgen die Methoden der Entscheidungshilfe das Ziel einer möglichst einfachen und verständlichen grafischen Gegenüberstellung. Das schnelle Einfinden in ein Thema sowie Konzentration auf die Kernpunkte soll so unterstützt werden und zu einer entsprechenden Entscheidungsgrundlage leiten. Wie bei allen Methoden ist eine möglichst genaue und aktuelle Datenlage, auf der die Entscheidungen basieren, von Vorteil und erleichtert die Ergebnisfindung. Im Idealfall lassen sich Entscheidungen mit „ja" und „nein" bewerten.

Die Methoden der Entscheidungshilfe ähneln sich untereinander und sind in vielen weiteren Methoden als Teilmethode vorhanden oder dienen diesen als Grundlage. Auch Anpassungen oder Abwandlungen der Methoden sind häufig zu finden, da sich Art und Erscheinung auf die Bedürfnisse der jeweiligen Aufgabenstellung anpassen lassen. Ähnlich einer Pro-/Contra-Liste lassen sich somit effizient und kostengünstig Entscheidungen treffen oder zumindest einschränken.

Abb. 2.37 Pro-Contra-Ent-
scheidung

2.5.4.1   ABC-Analyse – R2

Kurzbe-schreibung	Mit Hilfe der ABC-Analyse wird es ermöglicht, eine Wertestruktur zu ordnen. Die ABC-Analyse kann beispielsweise zur Strukturierung von Fallzahlen im Zusammenhang mit den DRGs genutzt werden. Ein weiterer Anwendungsbereich ist die Strukturierung der Medikamente im Rahmen der logistischen Versorgung der Krankenhausapotheke. Mithilfe dieser Ordnung können die für die Planung wesentlichen Leistungen oder Kosten im Krankenhaus gefiltert und identifiziert werden
Vorgehens-weise	1. Elemente eines Systems werden geordnet und in einer Summenkurve dargestellt 2. Aufteilung in drei Klassen (A, B, C) Klasse A: Geringe Gesamtanzahl (ca. 5 %), größter Kosten- oder Gewinnanteil Klasse B: Anteil Gesamtanzahl ca. 15 %, mittlerer Kostenanteil Klasse C: Höchste Anzahl (ca. 80 %), geringer Kostenanteil > geringe Bedeutung für etwaige Planungsentscheidungen
Hinweise	Die ABC-Analyse ist nur bei hoher Gesamtanzahl von Elementen einsetzbar; ebenso ist es eine wesentliche Voraussetzung, dass die Daten quantifizierbar sind
Vorteile	Die ABC-Analyse ermöglicht eine klare übersichtliche Darstellung; Sie erleichtert die Identifizierung der Kostengruppen, welche besondere Berücksichtigung in der Planung finden müssen
Nachteile	Die Einteilung in drei Klassen ist sehr grob und die Betrachtung ist rein quantitativ
Anwen-dungsge-biet	Patientenflussplanung, Klassifizierung von Lagerinhalten (Medikamente, OP-Besteck), Fallzahlenklassifizierung

Quelle: vgl. (Kettner 1987)

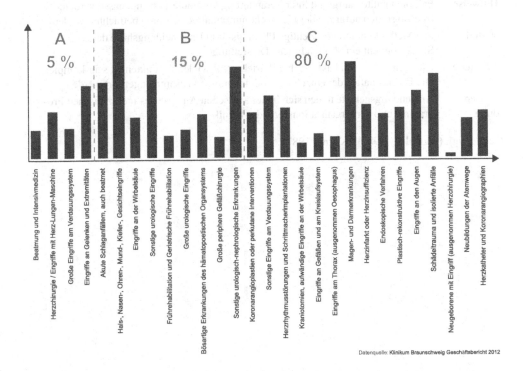

Datenquelle: **Klinikum Braunschweig** Geschäftsbericht 2012

Abb. 2.38 Anwendung ABC-Analyse

2.5.4.2   PQ-Analyse – R2

Kurzbeschreibung	Mit der PQ-Analyse werden Produkte (z. B. Operationen) bzw. Bereiche (z. B. Chirurgie) durch grafische Gegenüberstellung mehrerer betrieblichen Größen ermittelt und kritisch analysiert. Dadurch wird der Analyseaufwand begrenzt, da nur die wesentlichen Daten betrachtet werden
Vorgehensweise	Den verschiedenen Produkten werden mehreren Faktoren in einem Säulendiagramm gegenübergestellt und miteinander verglichen. Faktoren können z. B. Umsatz, Gewinn, Herstellungskosten, Durchlaufzeiten oder Kundenzufriedenheit sein. Die Daten werden quantitativ und qualitativ erfasst. Bei der Auswertung werden mithilfe dieser Daten die Betriebsstruktur der Klinik ermittelt und danach die Möglichkeit der zukünftigen Entwicklung und Maßnahmen für eine eventuelle Verbesserung untersucht
Hinweise	Faktoren sollten aufgrund ihrer Veränderung kontinuierlich angepasst werden. Ebenso sollten aufgrund der Übersicht nur wichtige Faktoren betrachtet werden
Vorteile	Die Methode stellt eine wichtige Planungs- und Entscheidungshilfe dar; Sie ermöglicht eine übersichtliche Darstellung
Nachteile	Die Ermittlung von Faktoren bei Betrieben mit vielen Produkten ist sehr komplex Die Eigenschaften der einzelnen Produkte müssen zusammengeführt werden
Anwendung	Anwendungsgebiete finden sich in der kritischen Analyse des medizinischen Programms und der Organisationsform der Klinik

Quelle: vgl. (Aggteleky 1987), (Kettner 1987)

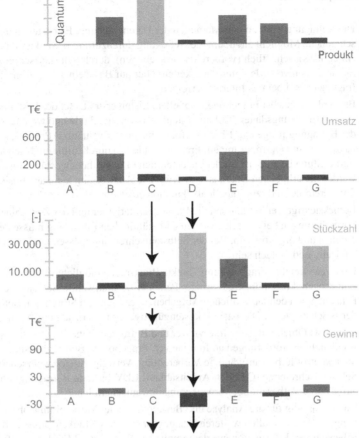

„Produkt C: geringer Umsatz bei mittlerer Stückzahl aber hohe Gewinnquote"

„Produkt D: geringer Umsatz bei hoher Stückzahl und negativer Gewinn"

Abb. 2.39   Anwendung PQ-Analyse

2.5.4.3   Befragung – R1

Kurzbe-schreibung	Die Befragung zählt zu den Methoden der Datenerhebung. Es bestehen unterschiedliche Möglichkeiten, um die Befragung durchzuführen. Sie kann mündlich (Interviews), schriftlich (vorbereitete Fragebogen), durch Selbstaufschreibung (aufschreiben von erledigten Tätigkeiten) oder auf Basis einer elektronischen Befragung (z. B. über das Internet) erfolgen
Vorgehens-weise	Es werden zunächst Fragebögen, Tabellen, Listen erstellt. Bei der Erstellung werden die Erfassungsdauer, Ziel und Inhalt, Auswertemethode und weitere Ziele der Befragung festgelegt. Ebenso erfolgt eine erste Evaluation (Pretest), um Anpassungen und Optimierung am Fragebogendesign durchzuführen. Nachdem die Vorbereitung beendet ist, findet die eigentliche Datenerhebung statt. Anschließend werden die erhobenen Daten ausgewertet. Die Auswertung kann auf Basis gängiger Softwaretools, z. B. zur Tabellenkalkulation erfolgen
Hinweise	Berücksichtigt werden müssen die Planungsmitarbeiter und der Zeitrahmen. Die Formulierungen bei der schriftlichen und mündlichen Befragung müssen eindeutig, sachlich und objektiv sein. Bei der Selbstaufschreibung müssen die Formulierungen eindeutig und einfach sein
Vorteile	Interview: flexible Fragestellung, direkte Rückfragen möglich; Fragebogen: kostengünstig (geringer Personal-/Zeitaufwand); Selbstaufschreibung: Erfassung von den tatsächlichen Aufgaben, aber auch von Störungen, Beteiligung der Beschäftigten; EDV-basiert: kostengünstig, schnelle Erfassung/Auswertung
Nachteile	Interview: Objektivität zw. Interviewer und Befragten, hoher Auswertungsaufwand, hohe Anforderungen an Interviewer; Fragebogen: Befragungssituation nicht kontrollierbar, aufwändige Vorbereitung, Verweigerungen wahrscheinlicher; Selbstaufschreibung: Qualität, Arbeitsablauf; EDV-basierte Befragungssituation aufwändige Vorbereitung, Verweigerungen wahrscheinlicher
Anwen-dung	Datenerfassung für die Analyse und Bewertung in der Vorbereitungsphase der Planung, aber auch in allen weiteren Planungsphasen des Krankenhauses in der die Erhebung von Information aus dem impliziten Wissen der Mitarbeiter erfolgen sollte

Quelle: vgl. (Kettner 1987), (Bund 2014a), (Bund 2014b), (Bund 2014c)

Abb. 2.40   Anwendung Befra-
gung

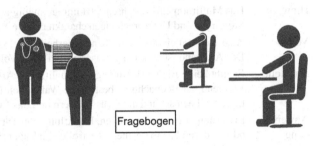

2.5.4.4   Multimoment-Verfahren – R2

Kurzbe-schreibung	Das Beobachten auf Basis des Multimoment-Verfahrens ist eine Methode der direkten Datenerfassung. Im Rahmen des Verfahrens werden Kurzzeitbeobachtungen an gleichartigen Prozessen im Krankenhaus durchgeführt. Hierdurch können beispielsweise der Zu- und Ablauf von Besuchern/Patienten untersucht werden. Sofern genügend viele Beobachtungsdurchgänge durchgeführt wurden, kann eine gültige Aussage getroffen werden, die die statistischen Anforderungen erfüllt
Vorgehens-weise	Man setzt zuerst das Ziel, den Untersuchungsbereich und den Zeitraum fest. Es werden darauffolgend Beobachtungsmerkmale erstellt, Stichprobenumfang ermittelt sowie ein Rundgangsplan und Zeitpunkte erstellt. Mithilfe dieser Struktur wird das Beobachtungsformular erstellt. Aufbauend darauf wird die Beobachtung durchgeführt. Nach dem Durchgang der Stationen und Aufnahme der Zeitwerte werden die Analysen aufgewertet
Hinweise	Das Multimoment-Verfahren setzt unregelmäßig ablaufende bzw. durch vielfache Störungen und Unterbrechungen charakterisierte Vorgänge voraus
Vorteile	Aussagen mit einer statistischen Sicherheit von 95 Prozent sind realisierbar Der Aufwand ist deutlich geringer als bei einer Vollerhebung
Nachteile	Es gibt keine Berücksichtigung der Qualität der Arbeiten Während der Beobachtung besteht die Wahrscheinlichkeit das Mitarbeiter ihre Tätigkeiten bewusst und unbewusst ändern und das Ergebnis verfälschen
Anwen-dung	Erfassung von Nutzungszeiten, Ermittlung von Tätigkeits- und Verteilzeiten im OP oder anderen Fachbereichen, Kontrolle von Lagervorräten, Analyse von Tätigkeitsbereichen sowie Erfassung von Personal-, Besucher- und Patientenbewegungen

Quelle: vgl. (Kettner 1987), (Bund 2014c)

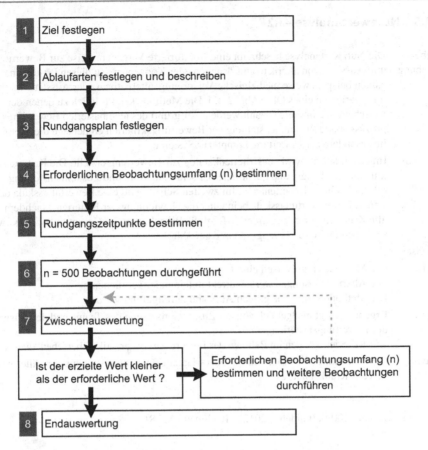

Abb. 2.41 Ablauf des Multimomentverfahren. (Vgl. Kettner 1987)

2.5.4.5 Nutzwertanalyse – R2

Kurzbe-schreibung	Die Nutzwertanalyse beschreibt eine strukturierte Vorgehensweise zur Bewertung und Auswahl von alternativen Lösungen oder Konzepten. Zu diesen Lösungen zählen beispielsweise medizinische Versorgungsalternativen oder Ausstattungsvarianten eines OPs (Abb. 2.42). Die Methode kann folglich zu denen der Entscheidungsfindung gezählt werden. Aufgrund des teambasierten Bewertungsprozesses und Zusammenstellung der Bewertungskriterien eignet sich die Methode insbesondere zur Bewertung komplexer Systeme
Vorgehens-weise	Im ersten Schritt wird ein Kriterienkatalog zur Bewertung erstellt. Die Kriterien müssen unabhängig und quantifizierbar sein. Die Wahl und Zusammenstellung erfolgt in einem Expertenteam. Im zweiten Schritt wird eine Bewertungsskala definiert. Die Bewertungsskala beinhaltet die Gewichtung der Kriterien. Nachdem alle Kriterien bewertet wurden, erfolgt die Berechnung des Gesamtnutzwertes. Abschließend wird die Vorzugsvariante gewählt
Hinweise	–
Vorteile	Die Methode ist universell einsetzbar Die Alternativlösungen werden direkt miteinander verglichen Die Methode kann ohne großen Aufwand durchgeführt werden
Nachteile	Ergebnis hängt maßgeblich von der Zusammensetzung des Teams und der Auswahl der Bewertungskriterien ab KO-Kriterien können im Rahmen der Bewertungssystematik „übersehen" werden
Anwen-dungsge-biet	OP-Bewertung, Auswahl von Layoutvarianten, Bewertung strategischer Alternativen des Krankenhauses

Quelle: vgl. (Grundig 2009), (Gudehus 2012), (Bechmann 1978)

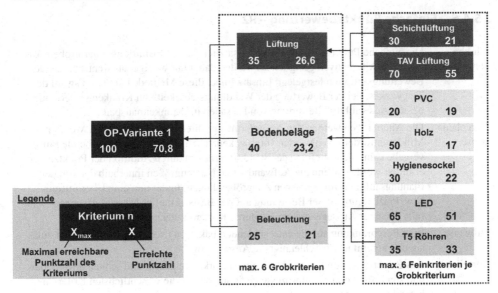

in Anlehnung an Kettner

Abb. 2.42 Anwendung der Nutzwertanalyse. (Kettner 1987)

2.5.4.6 Einfache Punktebewertung – R2

Kurzbe-schreibung	Die einfache Punktbewertung ist grundsätzlich für die Ermittlung einer groben Auswahl von Alternativen geeignet. Es werden dabei nur wenige, aber entscheidende Bewertungskriterien festgelegt. Einsatz findet diese Methode bei der Auswahl des Tragwerkes, bei der Bewertung der Wandlungsfähigkeit von Krankenhäusern oder bei der Auswahl und Bewertung von Fassaden im Krankenhausbau
Vorgehens-weise	Die Alternativen werden den Anforderungsprofilen gegenübergestellt. Mögliche Mindestanforderungen werden vorab gekennzeichnet. Durch entsprechende Punkt-vergabe kann die Rangfolge der Standortvarianten durch Addition der Punktzahlen ermittelt werden. Wenn die Aufwands- und Nutzengrößen innerhalb der von der Planungsaufgabe vorgegebenen Zielgrößen liegen, findet nun eine Überprüfung bzw. Präzisierung dieser Bewertung auf der Basis aktueller Daten statt, gegebenen-falls bei einer Aussageerweiterung durch Kosten-Nutzen-Analysen
Hinweise	Eine Beschränkung auf die entscheidenden Faktoren (Vorauswahlprozess) ist zuläs-sig und vereinfacht/beschleunigt die Auswertung
Vorteile	Das Bewertungs- und Auswahlprinzip ist stark vereinfacht und schnell anwendbar und somit für Vorauswahlprozesse geeignet, da nur die wesentlichsten Kriterien betrachtet werden
Nachteile	Es sind Widersprüche zwischen Nutzen und Aufwand möglich, da nicht zwingend die betriebswirtschaftlich beste Lösung
Anwen-dung	Die einfache Punktbewertung wird bei Vorauswahlproblemen angewendet, unter anderem zur Vorauswahl von Tragwerken oder Fassadenelementen

Quelle: vgl. (Kettner 1987), (Grundig 2009)

Systeme / Anforderungen / Kriterien	Vorfertigungs-grad	Transport (Aufwand)	Bauzeit / Montagezeit	Nutzungs-tauglichkeit	Nutzungsdauer	Recycling	Brandsicherheit	Reversibilität
1. Tragende Fassade								
1.1 Monolithischer Aufbau einschalig	●●○○○○	●●●●●●	●●●●●○	●●●●○○	●●●●●●	●●●●●●	●●●●●●	●●●○○○
1.2 Massive Innenschale + WDVS	●●○○○○	●●●●●○	●●●●○○	●●●●○○	●●●●○○	●●●○○○	●●●●○○	●●●○○○
1.3 Massive Innenschale, Dämmung + Vorsatzschale	●●○○○○	●●●●○○	●●●○○○	●●●●○○	●●●●○○	●●●○○○	●●●●○○	●●○○○○
1.4 Massive Innenschale, Dämmung + hinterlüftete Systeme (Fassadenbekleidung)	●○○○○○	●●●○○○	●●●○○○	●●●●○○	●●●○○○	●●●○○○	●●●●○○	●●●●○○
2. Nichttragende Vorhangfassade								
2.1 Pfosten-Riegel-Fassaden	●●●●○○	●●●●○○	●●●●●○	●●●●○○	●●●○○○	●●●●○○	●●●●○○	●●●●●●
2.2 Element-Fassaden	●●●●●●	●●○○○○	●●●●●●	●●●●●●	●●●●○○	●●●○○○	●●●●○○	●●●●○○
2.3 Kombinierte Systeme (z.B. Doppelfassade)	●●●●●○	●●●○○○	●●●●○○	●●●●○○	●●●○○○	●●●○○○	●●●●●○	●●●○○○
3. Fassadenbekleidung - Material								
3.1 Metall	●●●●○○	●●●○○○	●●●●○○	●●●●○○	●●●○○○	●●●●○○	●●●●○○	●●●●○○
3.2 Stein (Kunst-, Natur-)	●●●●○○	●●●○○○	●●●○○○	●●●●●○	●●●●●●	●●●○○○	●●●●●●	●●●○○○
3.3 Glas	●●●●●○	●●○○○○	●●●●●●	●●●●○○	●●●○○○	●●●○○○	●●●●○○	●●●●○○
3.4 Holz	●●●○○○	●●●●●○	●●●○○○	●●●●●●	●●●○○○	●●●●●●	●●●○○○	●●●○○○

Abb. 2.43   Anwendung Einfache Punktebewertung

2.5.4.7 Box-Plots – R2

Kurzbe-schreibung	Box-Plots bieten die Möglichkeit eine schnelle Übersicht über die Verteilung der Werte einer Stichprobe zu geben. Die Methode eignet sich optimal für den Vergleich mehrerer Stichproben. Box-Plots liefern Hinweise auf mögliche Abweichungen oder nicht plausible Werte einer Stichprobe Die Box repräsentiert den Bereich der mittleren Werte (Bereich 50 %). Der Strich innerhalb der Box (Median) beschreibt das 50 %-Perzentil. Die horizontal verlaufenden Striche über und unter der Box definieren den die positiven und negativen Maximalwerte. Alle Ergebnisse außerhalb dieser maximalen Bandbreite können als Ausreißer bezeichnet werden
Vorgehens-weise	Erstellung von Box-Plots auf Basis geeigneter Software 1. Quellvariable angeben 2. Kategorien definieren 3. Gruppen definieren 4. Fallbeschriftung 5. Optionen: Fehlende Werte
Hinweise	–
Vorteile	Einfacher Vergleich in verschiedenen Untergruppen
Nachteile	Überdeckung einzelner Werte, die sehr nah beieinander liegen, große Datenbasis notwendig, um Ergebnisse von ausreichender Qualität zu erhalten
Anwen-dung	Vergleich von statistischen Werten, wie beispielsweise die Patientenzufriedenheit oder die Qualität der medizinischen Behandlung

Quelle: vgl. (Brosius 1998), (Tukey 1977)

Abb. 2.44 Box-Plot patho-
logische Charakterisierung.
(Zaspel 2003)

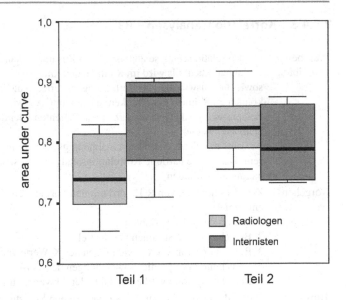

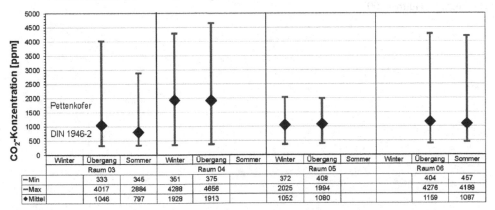

Mittel-, Minimal- und Maximalwerte CO_2-Konzentrationen

	Winter	Übergang	Sommer	Winter	Übergang	Sommer	Winter	Übergang	Sommer	Winter	Übergang	Sommer
		Raum 03			Raum 04			Raum 05			Raum 06	
—Min		333	345	351	375		372	408			404	457
—Max		4017	2884	4298	4656		2025	1994			4276	4189
◆Mittel		1046	797	1928	1913		1052	1080			1159	1087

Abb. 2.45 Box-Plot Energie

2.5.4.8   Korrelationsanalysen – R3

Kurzbe-schreibung	Die Korrelationsanalyse analysiert den Zusammenhang zwischen zwei definierten Variablen. Ebenfalls wird im Rahmen der Analyse die Stärke des Zusammenhangs sowie die Auswirkung der Verlinkung bewertet. Auf Basis der Korrelationsanalyse können im Rahmen der Krankenhausplanung Auswirkungen von Maßnahmen auf Beispielsweise die Genesungszeit von Patienten oder die Patientenzufriedenheit analysiert werden Es sollte möglichst eine Datenunabhängigkeit zwischen den Stichproben gegeben sein. Durch eine partielle Korrelationsanalyse lässt sich eine vorhandene Datenab-hängigkeit auffinden
Vorgehens-weise	Ziel: Bestimmung von R-R wird mit den Formel berechnet und in einer Tabelle eingetragen 1. Bestimmung der Variablen: 2. Berechnung der Summen und Mittel 3. Berechnung von x, (Abweichungen der X-Werte von ihrem Mittel) 4. Berechnung von y, (die Abweichungen der Y-Werte von ihrem Mittel) 5. Berechnung von xy, (die Produkte der Abweichungen x&y)
Hinweise	Diese Methode sollte nur von ausgewiesenen Statistikexperten durchgeführt werden
Vorteile	Korrelationskoeffizient einfach bestimmbar, hoher Aufwand zur Absicherung be-lastbarer Ergebnisse
Nachteile	Kompliziert, Anwendbarkeit als Abhängigkeitsmaß eingeschränkt, Probleme, wenn Verteilungen mit hohen Wahrscheinlichkeiten für extreme Ereignisse vorliegen, nichtlineare Zusammenhänge können nicht bestimmt werden
Anwen-dung	Anwendung z. B. wenn Verbesserungsmaßnahmen und deren Auswirkungen auf den Patienten nicht direkt nachvollziehbar sind, auf Basis einer ausreichenden Datenbasis erzielt die Analyse sehr gute Ergebnisse

Quelle: vgl. (Hüttner 2002)

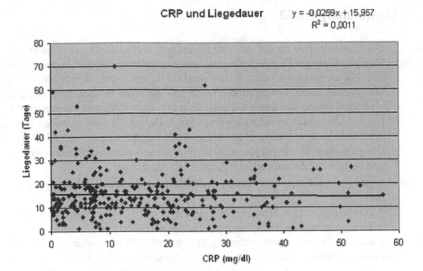

Abb. 2.46   Anwendung Korrelationsanalyse. (Klee 2005)

2.5.4.9   Clusteranalyse – R3

Kurzbe-schreibung	Die Clusteranalyse hat das Ziel eine Gesamtheit von Klassifikationsobjekten in Gruppen ähnlicher Eigenschaften zusammenzufassen (Klassen, Cluster, Typen). Klassifikationsobjekte sind z. B. Individuen (Pflegepersonal, Ärzteschaft), Aggregate (Organisationen, Berufsgruppen wie Ärzteschaft oder Pfleger, etc.). Die Cluster ergeben Gruppen die in sich weitestgehend homogen sind, wohingegen die Gruppen sich untereinander möglichst heterogen verhalten. Es wird zwischen zwei Arten der Clusteranalyse unterschieden. Die objektorientierte und die variablenorientierte Clusteranalyse. Bei der objektorientierten Analyse werden die Objekte untersucht und bei der variablenorientierten Analyse die Merkmale
Vorgehens-weise	1. geeignete Variablen auswählen (Ausbildungsniveau, geometrische Eigenschaften) 2. Ähnlichkeiten bzw. Distanzen bestimmen 3. Zusammenfassung der Variablen in Gruppen (Cluster) Unterschiedliche Clusterverfahren: partitionierende Clusterverfahren, hierarchische Clusterverfahren, dichtebasierte Verfahren, kombinierte Verfahren 4. Interpretation der Cluster und die Beurteilung der Clusterlösungsgüte
Hinweise	–
Vorteile	Bei einer geringen Clusteranzahl kann eine effiziente Interpretation der Ergebnisse durchgeführt werden Die Analyse kann auf Basis von standardisierter Software erfolgen
Nachteile	Bei einer geringen Clusteranzahl ist der Informationsgehalt gering Die hohe individuelle Entscheidungsfreiheit birgt die Gefahr zur Manipulation der Ergebnisse
Anwen-dung	Die Methode eignet sich für die Marktforschung und Konkurrenzanalyse der Krankenhauslandschaft sowie für die Qualitätssicherung im Rahmen der Behandlung

Quelle: vgl. (Bacher 2010), (Backhaus 2003), (Jahnke 1988)

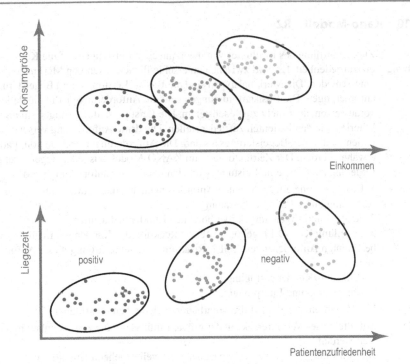

Abb. 2.47 Anwendung Clusteranalyse

2.5.4.10   Kano-Modell – R2

Kurzbe-schreibung	Ziel: Ermittlung des Einflusses von medizinischen Leistungen auf die Kundenzufriedenheit. Es wird zwischen unterschiedlichen Arten von Merkmalen unterschieden. Die Merkmalstypen sind die Basis-, Leistungs- und Begeisterungsanforderungen. Die Basisanforderungen sind die Anforderungen, die die Patienten voraussetzen, aber nicht zufriedenstellen. Die Leistungsanforderungen sind Sollkriterien, die den Patienten zufriedenstellen. Die dritte Anforderung versetzt den Patienten in einen Begeisterungszustand. Die Anforderungen können vom Patienten erwähnt werden. Der Zeitfaktor lässt im KANO-Modell aus jeder Begeisterungsanforderung zunächst eine Leistungs- und dann eine Basisanforderung werden
Vorgehens-weise	1. Identifizierung aller relevanten Anforderungen an eine medizinische Leistung (Erhebung durch Patientenbefragungen) 2. Analyse und Ergänzung der verborgenen Kundenbedürfnisse 3. Erstellung KANO-Fragebogen: Teil 1: Reaktion des Kunden bei Erfüllung von bestimmten Anforderungen. Teil 2: Reaktion bei Nichterfüllung dieser Anforderungen 4. Patienten-/Kundenbefragung 5. Auswertung und Interpretation
Hinweise	Das Verfahren ist auch auf die Mitarbeiterzufriedenheit übertragbar
Vorteile	Mithilfe dieses Verfahrens kann der größte Einfluss auf die Zufriedenheit identifiziert werden Die Anforderungen der Kundengruppen sind weitestgehend einheitlich
Nachteile	Die Methode bedingt die Erfassung der aktuellen Kundenbedürfnisse. Zukünftige Entwicklungen werden nicht berücksichtigt
Anwen-dung	Das KANO-Modell wird hauptsächlich in der Planung des medizinischen oder dienstleistungsorientiertem Angebots angewendet und hat zum Ziel die Patienten- und Mitarbeiterzufriedenheit zu erhöhen

Quelle: vgl. (Prefi 2007), (Roland 2010), (Bailom 1996), (Sauerwein 2000)

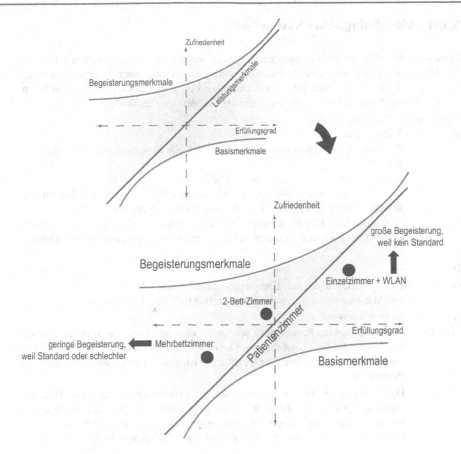

Abb. 2.48 Anwendung Kano-Modell (Quelle: Roland 2010)

2.5.4.11 Morphologischer Kasten – R2

Kurzbe-schreibung	Mithilfe des Morphologischen Kastens können Gesamtlösungen, wie beispiels-weise der technische Aufbau einer Sterilgutabteilung, durch Kombination von Teillösungen bestimmt werden. Dabei wird die Zahl der Gesamtlösungen durch die Kombinationen aller Varianten der Teillösungen ermittelt
Vorgehens-weise	1. Problem definieren 2. Parameter festlegen Parameter voneinander unabhängig, betreffen alle Lösungen, nur wesentliche Aspekte 3. Ausprägungen bestimmen (Anzahl beliebig) 4. Entfernen aller Kombinationen, die sich gegenseitig negativ beeinflussen oder ausschließen (z. B. Eine mechanische offene Lüftung der der OP-Räume) 5. Realisierbare Kombinationen verbinden und zu einer Gesamtlösung verbinden 6. Bewertungskriterien ableiten und Bewertung der Lösungsvariationen durchfüh-ren
Hinweise	–
Vorteile	Es kann eine Vielfalt von Komplettlösungen erstellt werden Die Methode ist vielseitig einsetzbar (z. B. Medizinisches Programm- oder Organi-sationskonzepte)
Nachteile	Die Definition der Parameter ist sehr anspruchsvoll, da die Bestimmung eine hohe Präzision erfordert. Zusätzlich wird keine Hilfestellung zur Bestimmung der bestge-eigneten Lösung gegeben. Die Qualität der Ergebnisse hängt von der Expertise des Planers ab
Anwen-dung	Der Ursprung der Methode findet sich in der Produktentwicklung. Die Methode eignet sich jedoch durch das sehr abstrakte Problemlösungsvorgehen sehr gut für komplexe Problemstellungen im Krankenhausbau sowie bei der Optimierung von Funktionsbereichen mit hoher Komplexität, wie beispielsweise dem OP

Quelle: vgl. (Hentze 1989)

Merkmal	Merkmalsausprägungen			
Altprodukt-spektrum	Altprodukte nach Kundenspezifikation	Typisierte Altprodukte mit kunden-spezifizierten Varianten	Standardaltprodukte mit Varianten	Standardaltprodukte ohne Varianten
Altprodukt-struktur	Einteilige Altprodukte	Mehrteilige Altprodukte mit einfacher Struktur	Mehrteilige Altprodukte mit komplexer Struktur	
Auftragsaus-lösungsart	Demontage auf Bestellung mit Einzelaufträgen	Demontage auf Bestellung mit Rahmenaufträgen	Demontage auf Lager	
Dispositionsart	Disposition kundenauftrags-orientiert	Disposition über-wiegend kunden-auftragsorientiert	Disposition über-wiegend programm-orientiert	Disposition programmorientiert
Beschaffungsart	Fremdbezug unbedeutend	Fremdbezug in größerem Umfang	Weitestgehender Fremdbezug	
Demontageart	Einmaldemontage	Einzel- und Kleinserien-demontage	Seriendemontage	Massendemontage
Organisations-form	Werkbankdemontage	Werkstattdemontage	Gruppen-/Liniendemontage	Fließdemontage
Demontage-struktur	Demontage mit einer Stufe	Demontage mit mittlerer Anzahl Stufen	Demontage mit großer Anzahl Stufen	
Produktions-Integrationsform	keine Integration	Addition	Kombination	Vollständige Integration

Abb. 2.49   Anwendung Morphologischer Kasten in der Produktentwicklung. (Huber 2001)

2.5.4.12   Risikoanalyse – R2

Kurzbe-schrei-bung	Ziel: Bewertung einzelner Risiken im Hinblick auf deren Einfluss, Wichtigkeit und Wahrscheinlichkeit auf das Planungsprojekt. Im Rahmen der Krankenhausplanung ist der Einsatz der Methode in allen Bereichen sinnvoll in denen eine Fehlentscheidung ein hohes finanzielles Risiko für die Planung bedeuten (z. B. Planung der Radiologie) Das Risiko ist definiert als das Produkt von Bedrohung und Anfälligkeit $R = B \times A$, d. h. die Wahrscheinlichkeit des Aufeinandertreffens eines bestimmten Risikos
Vorge-henswei-se	1. Risikoidentifizierung 2. Risikoursachenanalyse 3. Risikobewertung und Risikoquantifizierung 4. Risikomanagement 5. Risikoaggregation
Hinwei-se	–
Vorteile	Strukturierte Identifikation von Risiken Einschätzung aller Folgen, die durch das Eintreten des Risikos entstehen
Nachtei-le	Das Ergebnis der Risikoanalyse ist sehr stark von der Zusammenstellung des Teams abhängig
Anwen-dung	Die Methode der Risikoanalyse lässt sich in zahlreichen Gebieten einsetzen. Beispiele für Anwendungsgebiete sind: Abschätzung von Operationsrisiken, IT-Sicherheit oder umfassende Investitionsentscheidungen

Quelle: vlg. (Cottin 2013)

Abb. 2.50 Risikoanalyse

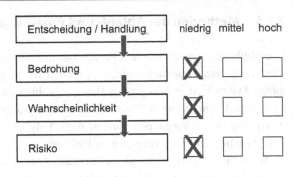

Nr.	Fehler	Bedrohung (B)	Anfälligkeit (A)	Risiko (R)
1	Auswahl falsches Tragwerk	3	1	3
2	Auswahl falsche Fassade	3	1	3
3	Fehlerhafte Raumdimensionierung	2	2	4
4	Überdimensionierung der energetischen Versorgung	3	2	6
5	Unterdimensionierung der Lüftungstechnik	3	3	9
n	...	...	...	...

Höchstes Risiko

Risikokennzahl:
R= A x B

Skala:
B: 3=hohe Bedrohung, 2=mittlere Bedrohung, 1=geringe Bedrohung
A: 3=hohe Anfälligkeit, 2=mittlere Anfälligkeit, 1=geringe Anfälligkeit

Abb. 2.51 Anwendung Risikoanalyse

2.5.5   Methoden der Ablauf- und Prozessoptimierung

Die Methoden der Ablauf- und Prozessoptimierung unterscheiden sich grundlegend nach wertschöpfenden und nicht-wertschöpfenden Vorgängen. Die nicht-wertschöpfenden Vorgänge lassen sich in komplexen Handlungsabläufen nicht gänzlich eliminieren, jedoch kann eine Optimierung erfolgen, so dass der monetäre und zeitliche Aufwand der nicht-wertschöpfenden Vorgänge reduziert wird. Folglich gewinnen die wertschöpfenden Vorgänge im prozentualen Vergleich an Relevanz.

Wertschöpfend vs. nicht-wertschöpfend (Abb. 2.52).

Die Komplexität verschiedener Vorgänge sollten immer in übersichtlichen und einfachen Visualisierungen oder Grafiken dargestellt werden. Im Vordergrund steht das Verständnis für den Vorgang und die damit verbundenen Arbeitsabläufe. Nur notwendige Informationen sind zu synthetisieren, um bestmögliche Erkenntnisse zu erhalten.

Im nächsten Arbeitsschritt müssen die Abläufe mit Zahlen belegt werden. Wertschöpfende Tätigkeiten erhalten Angaben zu ihrer Dauer und werden im direkten Vergleich mit den nicht-wertschöpfenden Tätigkeiten gegenübergestellt. Die nicht-wertschöpfenden Tätigkeiten erhalten ebenfalls Angaben zu ihrer Dauer, wie etwa Liegezeiten, Rüstzeiten und Wartezeiten.

Zur Analyse eignen sich auch Zahlen verschiedener Bereiche, um diese miteinander zu vergleichen und gegebenenfalls Rückschlüsse ziehen zu können. Hilfreich können auch historische Zahlen, soweit vorhanden, oder auch maximale rechnerisch ermittelte Zahlen sein. Für einen ersten Überblick können auch inhaltsähnliche Tätigkeiten herangezogen werden.

Eine genaue Datenerfassung ist die größte Herausforderung bei diesen Methoden. In der Regel lassen sich diese nur mit entsprechenden Experten ermitteln. Wird das eigene Personal mit der Erfassung der Arbeitszahlen betraut, können häufig keine repräsentativen Werte generiert werden.

Um eine möglichst neutrale Erfassung zu gewährleisten, werden in der Industrie genormte Verfahren angewendet und in einer einheitliche Dokumentation erstellt. Diese setzen in der Regel eine analoge Bearbeitung voraus. Sehr genaue und unverfälschte Ergebnisse lassen sich mit einer digitalen Erfassung von Vorgängen produzieren. In der Industrie häufig angewandt, lassen sich so automatische Zahlen zu Durchlaufzeiten oder Wartezeiten mittels einer automatischen Objektidentifikation gewinnen.

Abb. 2.52 Wertschöpfend und
nicht-wertschöpfend

2.5.5.1 Patientenflussdesign – R2

Kurzbe-schreibung	Das Patientenflussdesign stellt die Abfolge der wertschöpfenden Tätigkeiten im Krankenhaus dar. Zu den wertschöpfenden Tätigkeiten zählen ausschließlich Tätigkeit, welche die effiziente Genesung des Patienten unterstützt. Mit Hilfe einer Patientenflussanalyse können Lücken und Schnittstellenprobleme im Behandlungsprozess identifiziert werden, um Verschwendung zu vermeiden und eine höhere Wertschöpfungseffizienz zu erreichen
Vorgehens-weise	1. Auswahl Dienstleistung des Krankenhauses 2. Skizze Patientenfluss (flussabwärts) – erfolgt durch einen Patientenflussmanager, der einen ganzheitlichen Blick über die Krankenhausprozesse verfügt 3. Systematische Datenaufnahme (einzelnen Behandlungsschritte im Krankenhaus flussaufwärts, Zeiterfassung, . . .) 4. Erstellung Ist-Patientenstrom 5. Ableitung Soll-Patientenstrom 6. Maßnahmen identifizieren und umsetzen die zum Soll-Zustand führen – kontinuierlicher Verbesserungsprozess (KVP)
Hinweise	Es wird immer der gesamte Wertschöpfungsprozess am Patienten betrachtet
Vorteile	Komplexe Funktionen und Abläufe werden übersichtlich visualisiert Es werden ebenfalls Schwachstellen im Gesamtprozess aufgedeckt Die Wertstromanalyse ist eine einfach anzuwendende Methode Es kann zudem der Informations- und Materialfluss zusammen dargestellt werden
Nachteile	Pro Analyse nur eine Behandlung oder eine Behandlungsgruppe, Entscheidung für eine Behandlung oder Behandlungsgruppe an denen der gesamte Wertschöpfungsprozess des Krankenhauses ausgerichtet wird, stellt ein Risiko dar
Anwen-dung	Die Methode wird zur Analyse von Patientenströmen angewendet, zudem können kritische (bauliche) Punkte identifiziert werden

Quelle: (Rother 2008)

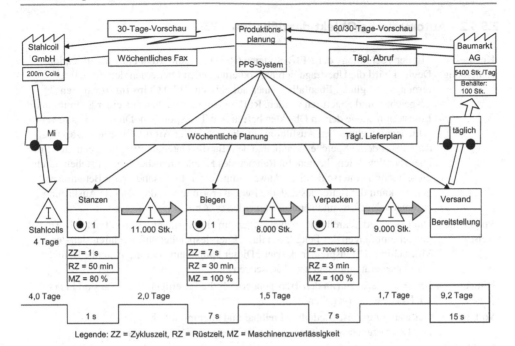

Abb. 2.53 Wertstrom-Analyse. (Vgl. Rother 2008)

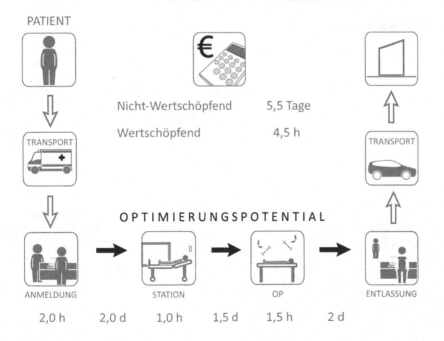

Abb. 2.54 Anwendung Patientenflussdesign

2.5.5.2 Automatische Objektidentifikation – R3

Kurzbe-schreibung	Mit der Technology der RFID-Systeme (RFID – Radio Frequency Identification Device) wird die Übertragung binär codierter Daten über einen definierte Entfernung ermöglicht. Ebenfalls können auf aktiven RFID Chips Informationen gespeichert und abgerufen werden. RFID-Systeme bestehen aus einer Schreib- und Lesestation sowie den an Objekten befestigten Transpondern. Diese gibt es in verschiedenen technischen Ausführungen, die sich in der Art der Energieversorgung, der verwendeten Speichertechnik und dem für die Datenübertragung genutzten Frequenzbereich unterscheiden. Im Rahmen des Krankenhausbetriebs entstehen durch diese Technik unterschiedliche Anwendungsfelder. Insbesondere im Bettenmanagement kann der Bettenbestand, die Bettenverortung und die aktuelle Auslastung automatisch erfasst und verarbeitet werden (s. Abb. 2.55)
Vorgehens-weise	Die Lese- und Schreibstationen erzeugen ein elektro-magnetisches Feld. Die Transponder empfangen das Feld, laden ihren Energiespeicher auf, wodurch sich der Mikrochip im Transponder aktiviert. Dieser kann dann über die Antenne Befehle vom Lesegerät empfangen und aussenden
Hinweise	Die Anforderungen an den Transpondern für die jeweiligen Bereiche sind in der VDI 4472 wiedergegeben
Vorteile	Der Datenträger ist wiederbeschreibbar und unempfindlich Der Lesevorgang ist weitgehend von der Lage des Datenträgers unabhängig
Nachteile	Der Aufbau ist komplex und kostenintensiver als ein Barcodesystem
Anwen-dung	Erfassung und Tracking der Patientenverfolgung, Tracking und Management von mobiler Krankenhausausstattung (z. B. Betten)

Quelle: vgl. (Bracht 2011)

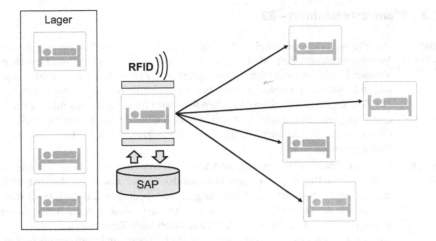

Abb. 2.55 Automatische Objektidentifikation (Einsatz im Bettenmanagement)

2.5.5.3 Planwertverfahren – R3

Kurzbe-schreibung	Das Planwertverfahren ist eine Methode der direkten Datenerfassung. Mit diesem Verfahren kann der Zeitbedarf für Arbeitsabläufe im Krankenhaus von Menschen als auch Betriebsmitteln mithilfe von festgelegten Zeitrichtwerten ermittelt werden. Durch Messen und Auswerten dieser Ist-Zeiten werden die Soll-Zeiten ermittelt. Die Soll-Zeiten liefern einen objektiven Richtwert für die durchschnittliche Dauer einer Tätigkeit. Im Rahmen der Krankenhausplanung können so beispielsweise Operationszeiten oder auch Pflegezeiten vorab kalkuliert und als Basis zur weiteren Planung genutzt werden
Vorgehens-weise	Für den definierten Verwendungszweck werden zunächst vorhandene Zeitrichtwert-tabellen (z. B. REFA) genutzt oder in Bestandskrankenhäusern Standardzeitwerte aufgenommen. Nachdem die Arbeitsaufgabe und -bedingungen beschrieben wurden, erfolgt die Durchführung der Messung. Daran schließt sich die Auswertung an, um den Zeitbedarf für Arbeitsabläufe zu erhalten (Soll-Zeiten) Die Auswertung erfolgt in sechs Schritten: Richtigkeits- und Vollständigkeitskontrolle, Ist-Einzelzeitenberechnung, statistische Auswertung, Soll-Zeitenberechnung, Soll-Zeitenaddition und -übertragung und die Bestimmung der Zeit je Einheit
Hinweise	–
Vorteile	Einzelzeitmessung: Streuung sofort erkennbar, Vermeidung von Fehlern bei der Errechnung von Einzelzeiten, Fortschrittsmessung: Lückenlos, Ausgleich von Ablesefehlern, Keine Beurteilung des Leistungsgerades durch Kenntnis der Einzelzeit
Nachteile	Einzelzeitmessung: Mögliche Beurteilung des Leistungsgrades, Zeitverzögerung der Messgeräte möglich, Fortschrittsmessung: Errechnung der Einzelzeiten, Generell: Beeinflussung des Arbeiters durch Beobachter
Anwen-dung	Das Planwertverfahren wird für Ressourcenflussanalysen und für die Arbeitsab-laufplanung benötigt. Ebenfalls kann diese Methode zur Planung der notwendigen Personalressourcen im Krankenhaus eingesetzt werden

Quelle: vgl. (Kettner 1987), (Čamra 1977), (Refa 1978)

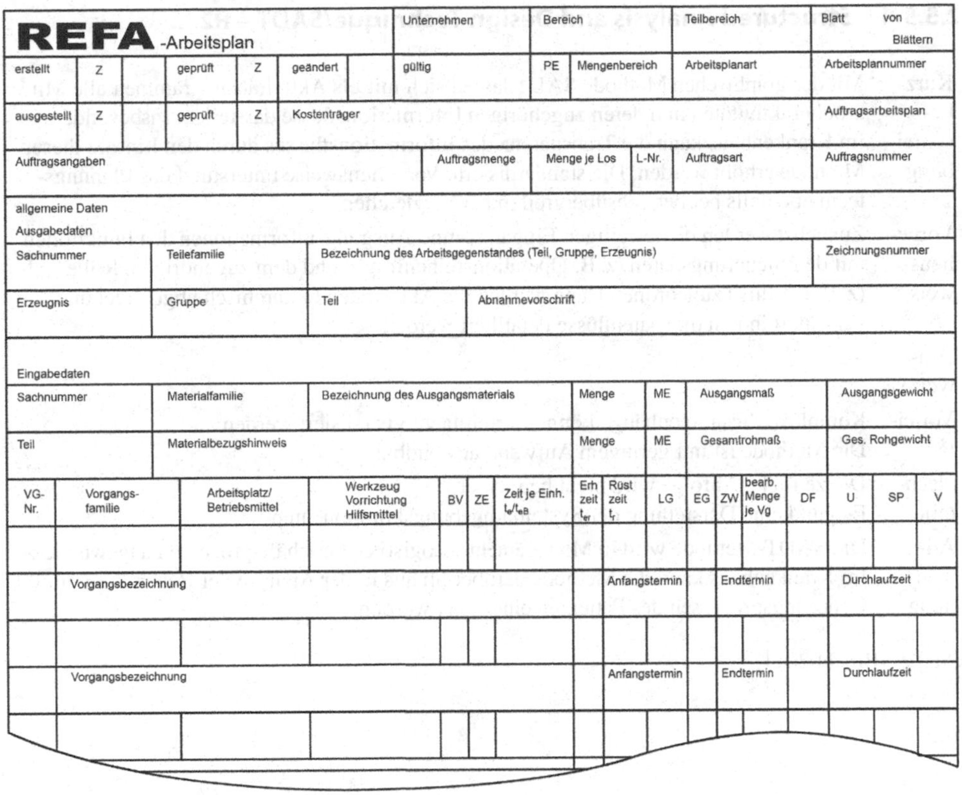

REFA -Arbeitsplan					Unternehmen		Bereich		Teilbereich		Blatt von Blättern	
erstellt	Z	geprüft	Z	geändert	gültig		PE	Mengenbereich	Arbeitsplanart		Arbeitsplannummer	
ausgestellt	Z	geprüft	Z	Kostenträger							Auftragsarbeitsplan	

Auftragsangaben			Auftragsmenge	Menge je Los	L.-Nr.	Auftragsart	Auftragsnummer

allgemeine Daten
Ausgabedaten

Sachnummer	Teilefamilie	Bezeichnung des Arbeitsgegenstandes (Teil, Gruppe, Erzeugnis)	Zeichnungsnummer
Erzeugnis	Gruppe	Teil	Abnahmevorschrift

Eingabedaten

Sachnummer	Materialfamilie	Bezeichnung des Ausgangsmaterials	Menge	ME	Ausgangsmaß	Ausgangsgewicht
Teil	Materialbezugshinweis		Menge	ME	Gesamtrohmaß	Ges. Rohgewicht

VG-Nr.	Vorgangs-familie	Arbeitsplatz/ Betriebsmittel	Werkzeug Vorrichtung Hilfsmittel	BV	ZE	Zeit je Einh. t_e/t_{eB}	Erh zeit t_{er}	Rüst zeit t_r	LG	EG	ZW	bearb. Menge je Vg	DF	U	SP	V
	Vorgangsbezeichnung						Anfangstermin		Endtermin			Durchlaufzeit				
	Vorgangsbezeichnung						Anfangstermin		Endtermin			Durchlaufzeit				

Abb. 2.56 Planwertverfahren. (Kettner 1987)

2.5.5.4 Structured Analysis and Design Technique/SADT – R2

Kurz-be-schrei-bung	Mit der graphischen Methode SADT lassen sich mittels Aktivitätsdiagrammen alle Mitarbeiteraktivitäten und deren zugehörigen Informationsflüsse darstellen. Insbesondere im Krankenhaus kann die Transparenz des Informationsflusses durch den Einsatz dieser Methode erhöht werden. Die standardisierte Vorgehensweise unterstützt das Planungsteam ebenfalls bei bereichsübergreifenden Vergleichen
Vorge-hens-weise	Zunächst werden die jeweiligen Eingangs- und Ausgangsinformationen den Funktionen mit den Steuerungsdaten (z. B. Operationsreihenfolge) und dem zugehörigem Rolle (z. B. Chirurg) zugeordnet. Dann werden die Aktivitäten hierarchisch abgebildet und verfeinert indem die Datenflüsse detailliert werden
Hin-weise	–
Vortei-le	Komplexe Zusammenhänge können vereinfacht visualisiert werden Die Methode ist mit geringem Aufwand anwendbar
Nach-teile	Die zeitliche Abfolge wird nicht betrachtet Es gibt keine Darstellung der Systemumgebungskomponenten
An-wen-dung	Die SADT-Methode wird in Management-, Logistik-, Geschäftsprozessen angewendet. Im Krankenhaus kann die Methode darüber hinaus in der Analyse der Behandlung und Genesungsprozessen des Patienten eingesetzt werden

Quelle: (Bracht 2011)

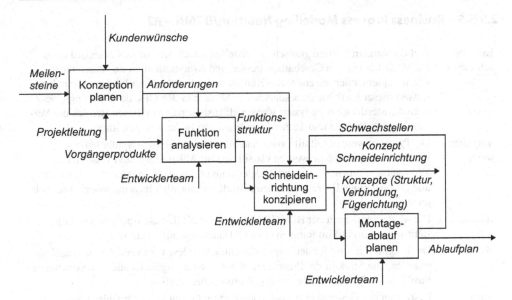

Abb. 2.57 Structured Analysis and Design Technique/SADT. (Marca 1987)

2.5.5.5 Business Process Modelling Notation/BPMN – R2

Kurzbe-schreibung	Ziel der standardisierten grafischen Darstellung nach dem BPMN Standard ist es die Modellierung von Geschäftsprozessen und Arbeitsabläufen und deren technischen Implementierung enger zu verknüpfen. Im Krankenhaus können durch den Einsatz dieser Methode insbesondere die Abläufe in den OPs, der Radiologie oder auch der Sterilisation analysiert werden, da insbesondere in diesen Bereich die Verzahnung von Prozess und Technologie eine hohe Bedeutung zukommt
Vorgehens-weise	Die Prozesse werden mithilfe von standardisierten grafischen Symbolen beschrieben. Basissymbole werden klassifiziert in: Ablaufelemente/Flussobjekte, Verbindungselemente, Schwimmbadelemente (Klassifikation inhaltlich abhängigen und unabhängigen Prozessbereichen), Artefakte (sonstige Informationen), Datenobjekte
Hinweise	Die Modellierung mit der BPMN-Methode kann XML-basierte Sprachen dargestellt werden und so im Rahmen einer IT Datenbank aufgebaut werden
Vorteile	Die Diagramme sind für den Anwender einfach zu lesen, zu verstehen und auch zu erstellen, Die Struktur der Prozesse nach Prozessbeteiligten ist auch bei komplexen Strukturen aufgrund der klaren Modellierung übersichtlich
Nachteile	Es können nur Geschäftsprozesse modelliert und somit keine Organigramme, Datenstrukturen, Prozesslandschaften, Strategie und Geschäftsregeln erstellt werden
Anwen-dung	In allen Bereichen in denen eine Verknüpfung von Prozessen, Menschen und Technologien ein hohes Optimierungspotenzial aufweist. Typische Anwendungsfelder sind beispielsweise die Analyse und Optimierung der Radiologie oder Sterilgutversorgung (ZSVA)

Quelle: vgl. (OMG 2013), (Weilkiens 2011), (Rempp 2011)

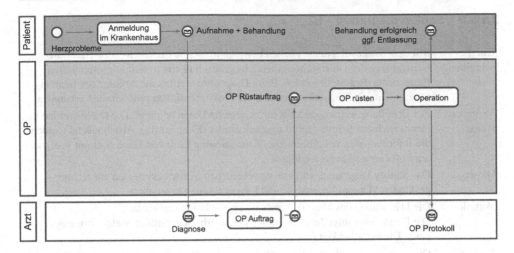

Abb. 2.58 Visualisierung des Business Process Modelling Notation/BPMN (Anwendungsfall Krankenhaus)

2.5.5.6   Sankeydiagramm – R2

Kurzbe-schreibung	Mit dem Sankeydiagramm können beispielsweise die Patienten- oder Transport-beziehungen des Untersuchungsbereichs grafisch in einem richtungsorientierten Flusschema dargestellt werden. Beim Diagramm werden die Abfolge der Bearbeitungsstufen, die Flussrichtungen und die Flussintensitäten pro Zeitraum erkennbar
Vorgehens-weise	Zur Erstellung werden zunächst umfangreiche Daten benötigt. Die Daten werden in einem nächsten Schritt geprüft und aufbereitet (Flussmatrix). Abschließend werden die Informationen visualisiert. Die Visualisierung kann von Hand oder mit geeigneten Softwarewerkzeugen erfolgen
Hinweise	Das Sankey Diagramm wird von verschiedenen Softwaresystemen zur rechner-gestützten Materialflussanalyse und Layoutplanung unterstützt
Vorteile	Die Darstellung des Materialflusses ist übersichtlich und einfach Die Darstellung folgt der Reihenfolge der Bearbeitungsstufen, welches zu einer guten Übersichtlichkeit führt
Nachteile	Die räumlichen und zeitlichen Anforderungen und teilweise auch die Entfernungen zwischen den Untersuchungseinheiten können nicht wiedergegeben werden Die Flüsse werden nur vereinfacht dargestellt
Anwen-dung	Das Sankeydiagramm findet sich in der Materialflussanalyse und Ressourcenfluss-analyse wider

Quelle: vgl. (Kettner 1987)

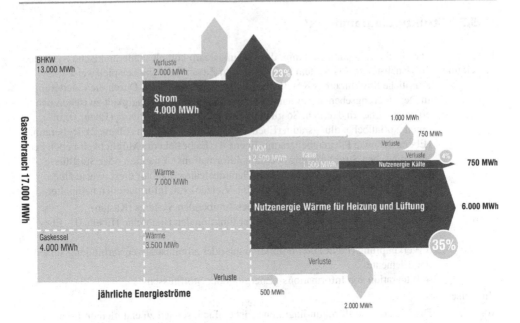

Abb. 2.59 Sankeydiagramm Wärmeerzeugung

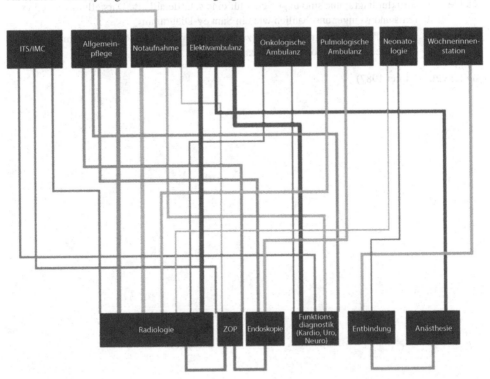

Abb. 2.60 Sankeydiagramm Flussbeziehungen Krankenhaus. (Vgl. UNITY AG)

2.5.5.7   Strukturdiagramm – R1

Kurzbe-schreibung	Das Strukturdiagramm befähigt das Planungsteam komplexe hierarchische Systeme zu visualisieren. Als System kann in diesem Zusammenhang beispielsweise die räumliche Struktur eines Krankenhauses verstanden werden. Durch die Gliederung in Detaillierungsebenen werden Zusammenhänge und Abhängigkeit zwischen den einzelnen Ebenen deutlich. So gliedert sich die Notfallversorgung (Ebene 0) in einen Notfallbehandlungsraum (Ebene 1), Reanimationsraum (Ebene 2), Ruheraum (Ebene 3) sowie Pflegearbeitsraum (Ebene 4). Es besteht die Möglichkeit neben der hierarchischen Strukturierung ebenfalls Informations-, Energie-, oder Stoffflüsse in das Diagramm zu integrieren. Das Planungsteam erhält auf diese Weise eine einfache Darstellung, welche jedoch eine Vielzahl von Informationen beinhaltet
Vorgehens-weise	1. Identifikation der Elemente des zu beschreibenden Systems (Kasten) 2. Gliederung der Elemente gemäß ihrer funktionalen Hierarchie (Ebene 0 – Ebene n) 3. Verknüpfung (Pfeile) der in funktionaler oder administrativer Verbindung stehenden Elemente 4. Integration von Informations-, Energie- oder Stoffflüssen
Hinweise	–
Vorteile	Die Methode des Strukturdiagrammes ist einfach, schnell zu erstellen und sehr übersichtlich
Nachteile	Strukturdiagramme sind ungeeignet für eine sehr detaillierte Darstellung eines Systems und weniger anschaulich wie ein Sankey-Diagramm
Anwen-dung	Das Strukturdiagramm eignet sich zur Visualisierung eines Raumprogramms oder der Aufbauorganisation des Krankenhauses

Quelle: vgl. (Kettner 1987)

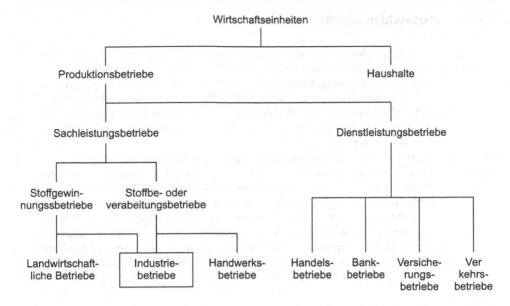

Abb. 2.61 Beispiel eines Strukturdiagramm von Wirtschaftseinheiten. (Hansmann 2006)

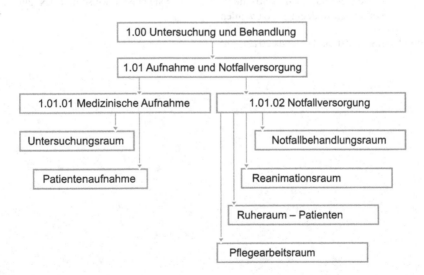

Abb. 2.62 Strukturdiagramm der DIN 13080

2.5.5.8   Warteschlangen-/Bedientheorie – R3

Kurzbe-schreibung	Ermöglicht die mathematische Analyse von Systemen in denen Aufträge von Arbeitsstationen abgearbeitet werden. Ziel der Theorie ist es die Wartezeiten zu verkürzen sowie die Bedienzeiten zu beschleunigen. Im Krankenhauses eignet sie sich insbesondere für die Analyse und Optimierung von Behandlungsprozessen und die Verkürzung der Wartezeiten für den Patienten. Die Theorie bietet dem Planungsteam die Möglichkeit zeitkritischen Prozesse vorab zu untersuchen und mathematisch abzusichern
Vorgehens-weise	1. Modellierung der Eingangsgrößen (Patientenaufkommen), wird durch den Ankunftsprozess A(t) beschrieben. Tätigkeiten, wie bspw. die Diagnose oder Behandlung werden dem Bedienprozess B(t) zugeteilt. Größen können exponential-, erlang- oder normalverteilt verlaufen. Die Wartezeit des Patienten (Warteprozess W(t)) ergibt sich aus den mathematischen Zusammenhägen beiden Prozessen 2. Untersuchung unterschiedlicher Eingangsformen und Entnahmemöglichkeiten. Mögliche Szenarien sind First-In-First-Out, Last-In-First-Out, Shortest-Job-First, Shortest-Remaining-Processing-Time oder die Bedienung nach Forderungsprioritäten (Grad der gesundheitlichen Beeinträchtigung)
Hinweise	–
Vorteile	Vereinfachte Formeln der Warteschlangentheorie erlauben es schnellere Berechnungen zu tätigen
Nachteile	Sehr komplexes mathematisches Verfahren Die Voraussetzungen in der Praxis können nur in wenigen Fällen erfüllt werden
Anwen-dung	Die Theorie eignet sich in der Krankenhausplanung insbesondere für die Analyse und Optimierung der Wartezeiten. Aufgrund der hohen Komplexität der Theorie sollte diese nur für zeitkritische Prozesse, wie sie beispielweise in der Notaufnahme vorhanden sind, eingesetzt werden

Quelle: vgl. (Bracht 2011), (Gudehus 2012)

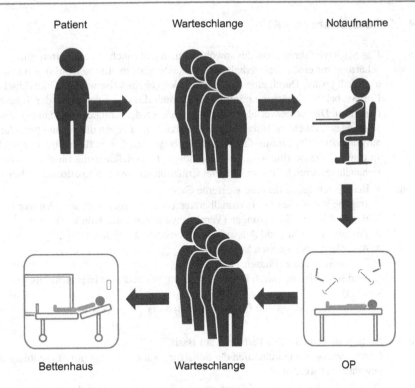

Abb. 2.63 Bedientheorie

2.5.5.9   Schätzverfahren – R1

Kurzbe-schreibung	Das Schätzverfahren dient der sowohl schnellen als auch abgesicherten Einschätzung zur einen Sachverhalt dessen exakte mathematische Bestimmung zu aufwändig wäre. Durch eine sechsphasige Vorgehensweise wird der individuelle Einfluss bei der Schätzung minimiert und somit das Gesamtergebnis der Schätzung objektiver. Das Schätzverfahren kann im Rahmen der Krankenhausplanung universell eingesetzt werden. Insbesondere in Bereichen in denen die genaue Berechnung aufgrund zu vieler Einflussfaktoren zu Scheingenauigkeiten führt. Hierzu zählt beispielsweise die Bestimmung der notwendigen Personalkapazität für einen neuen Behandlungsbereich für den keinerlei Erfahrungen oder Informationen vorliegen
Vorgehens-weise	1. Bedarfsbefragung (interne + externe Experten) Befragung von Zulieferer, Personalberater, oder Mitarbeiter anderer Kliniken 2. Begründung der Schätzungen (Vergleichswerte anderer Kliniken) 3. Zusammenfassung und Auswertung (Plausibilitätsprüfung) 4. Anfordern einer zweiten Schätzung 5. Zweite Schätzung (Phasen 1–3) Ergebnisoptimierung durch zweite Schätzung mit anderem Expertenkreis (Phasen 1–3) 6. Zweite Auswertung und Festlegen des Bedarfs
Hinweise	–
Vorteile	Einfach anzuwendendes Verfahren auf Basis Durch mehrfaches Durchlaufen der Schätzung kann eine sehr gute Ergebnisqualität gewährleistet werden
Nachteile	Qualität des Ergebnisses abhängig von der Zusammensetzung des Expertenteams
Anwen-dung	Einsatz dort, wo mathematische Quantifizierung zu aufwendig oder nicht möglich sind. Typisch Einsatzfelder sind die Planung neuer medizinischer Versorgungsleistungen, die Personalkapazitätsplanung für neue Bereiche des Krankenhauses oder auch die Kosten und Investitionsabschätzung für medizinische Anlagen

Quelle: vgl. (Kettner 1987)

Abb. 2.64 Anwendung Schätzverfahren. (Bleymüller et al. 1991)

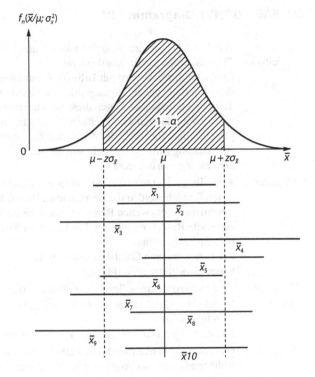

Einige Stichprobenmittelwerte $\bar{x}_j$ ($j = 1, \dots. 10$) mit den zugehörigen Konfidenzintervallen

2.5.5.10   GANTT-Diagramm – R1

Kurzbe-schreibung	Das Gantt-Diagramm ermöglicht die inhaltliche und zeitliche Strukturierung von Planungsprojekten im Krankenhaus Ein Gesamtprojekt wird mit Hilfe des Gantt-Diagramms in Teilprojekte untergliedert. Am Ende jeden Vorgangs prüft ein Meilenstein die inhaltliche Qualität der Teilprojektergebnisse. Durch diese Strukturierung erhält das Planungsteam eine detaillierte inhaltliche und zeitliche Übersicht über das Gesamtprojekt. Sollten Teilprojekte nicht innerhalb des definierten Zeitraums erfüllt worden sein. Wird diese Abweichung sofort festgestellt und die Möglichen folgen für das Gesamtprojekt können abgeschätzt werden
Vorgehens-weise	Jedes Teilprojekt wird auf einer eigenen Zeitachse visualisiert (Abb. 2.65). Im ersten Bereich werden die Bezeichnung, Dauer, Starttermin und Endtermin beschrieben. Im zweiten Bereich werden die Informationen durch horizontal angeordnete Balken visualisiert. Die Länge der Strecke beschreibt die Zeit vom Start- bis zum Endtermin Zur Erstellung von Gantt-Diagrammen stehen verschiedene Softwareangebote diverser Hersteller zur Verfügung
Hinweise	Eine Herausforderung liegt in der Wahl des richtigen Detaillierungsgrades
Vorteile	Mithilfe des Gantt-Diagramms können parallele und überlappende Tätigkeiten dargestellt werden Das Aufzeigen von Zeitreserven (Puffern) ist möglich
Nachteile	Die Übersichtlichkeit wird durch „Puffer" beeinträchtigt Abhängigkeiten von Vorgängen untereinander könne nicht bzw. nur schwer verdeutlicht werden
Anwen-dung	Das Gantt-Diagramm findet in der Projektplanung und Projektsteuerung von Planungsprojekten im Krankenhaus Anwendung. Die Projekte können in diesem Zusammenhang unterschiedliche zeitliche und inhaltliche Umfänge aufweisen

Quelle: vgl. (Kettner 1987)

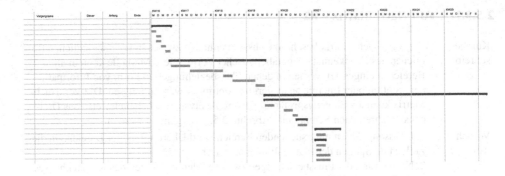

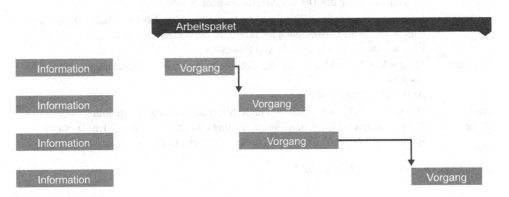

Abb. 2.65 Anwendung GANTT-Diagramm

2.5.5.11   Von-Nach-Matrix – R2

Kurzbe-schreibung	Die Von-Nach-Matrix beschreibt Zusammenhänge zwischen unterschiedlichen Bereichen des Krankenhauses in tabellarischer Form. Diese Methode kann in allen Bereichen eingesetzt werden in denen Flussbeziehungen in Form von Informationen, Stoffen oder Energie analysiert und optimiert werden müssen. Die Von-Nach-Matrix kann als Eingangsgröße für weitere Analyse, wie beispielsweise das Dreiecksverfahren nach Schmigalla (Abschn. 2.5.5.12) genutzt werden
Vorgehens-weise	1. Erfassung der zu untersuchenden Bereiche und Übertragung der Bereiche in die Zeilen und Spalten der Materialflussmatrix (Abb. 2.65) 2. Normierung der Flussbeziehungen zwischen den Bereichen des Krankenhauses (z. B. Stoffflüsse, Medikamente [Kg/Tag]) 3. Erfassung der Flussbeziehung und Übertragung der Daten in die Von-Nach-Matrix
Hinweise	Die Von-Nach-Matrix ist eine Voraussetzung der Netzplantechnik, des Sankey-Diagramms sowie des Dreiecksverfahrens nach Schmigalla
Vorteile	Es können verschiedene Einheiten eingetragen werden. Ebenso können starke Austausch- und Transportbeziehungen (grafisch) hervorgehoben werden Übersichtlich bei hoher Anzahl von Prozessen
Nachteile	Mit der Von-Nach-Matrix ist keine detaillierte Analyse der Behandlungsalternativen machbar Aufwendige Datenerhebung
Anwen-dung	Die Von-Nach-Matrix eignet sich im Rahmen der Krankenhausplanung für alle Planungsaufgaben bei denen Flussbeziehung eine große Rolle spielen. Dies ist beispielsweise bei der Verortung von Funktionsbereichen (Layoutplanung) der Fall

Quelle: vgl. (Kettner 1987), (Mathar 2011)

Von/ Nach	Allgemein- und Viszeralchir urgie	Anästhesie, Intensivmedi zin und Schmerzthe rapie	Angiologie	Apotheke	Dermatologi e und Allergologie	Radiologie	...
Allgemein- und Viszeralchir urgie	-	10	5	30	7	8	...
Anästhesie, Intensivmedi zin und Schmerzthe rapie		-	10	10	8	1	...
Angiologie			-	4	3	1	...
Apotheke				-		2	...
Dermatologi e und Allergologie					-	3	...
Radiologie						-	...
...							-

Einheit = [Patienten pro Tag]

Abb. 2.66 Anwendung Von-Nach-Matrix

2.5.5.12 Aufbauverfahren/Dreiecksverfahren – R3

Kurzbe-schreibung	Das Dreiecksverfahren nach Schmigalla zählt zu den heuristischen Verfahren. Ziel ist es die Funktionsbereiche des Krankenhauses optimal zu verorten und den Transportaufwand bzw. die Transportintensität zwischen den einzelnen Bereichen zu reduzieren. Die Transportintensität kann sich in diesem Zusammenhang sowohl auf Material- als auch Personaltransporte beziehen. Die Anwendung dieses Anordnungsalgorithmus bietet dem Planungsteam im Rahmen einer komplexen Layoutplanungsaufgabe die Möglichkeit eine erste Variante, eines nach Transportintensitäten optimierten Layouts, zu berechnen. Ausgehend von dieser Variante kann das Planungsteam das Layout weiter optimieren
Vorgehens-weise	1. Datenerfassung auf Basis der Von-Nach-Matrix 2. Auswahl der stärksten Materialflussbeziehung zwischen zwei Bereichen Diese beiden Bereiche werden als Initialpunkte im Dreiecksraster angeordnet 3. Auswahl des Bereichs der mit den beiden zuvor angeordneten Bereichen die stärkste Beziehung eingeht 4. Nachbarfelder bestimmen und dem Raster hinzufügen Es werden die größten Kontakte und die optimale Position für den geringsten Transportleistungsaufwand (Anzahl Transporte, Weglänge) bestimmt schrittweise alle Bereiche angeordnet
Hinweise	Das Verfahren kann ebenfalls mit Rastern aus Vier- oder Fünfecken durchgeführt werden
Vorteile	Der verwendete Algorithmus ist relativ einfach. Ebenso ist der Rechenaufwand im Gegensatz zu umordnenden Verfahren (z. B. Kreisverfahren) deutlich geringer Das Verfahren ist bis zu einer max. Anzahl von 50 Objekten manuell berechenbar
Nachteile	Bei dem Dreiecksverfahren werden keinerlei räumliche Restriktionen berücksichtigt Das Verfahren optimiert das Layout ausschließlich nach einem Zielkriterium
Anwen-dung	Das Verfahren wird in der Krankenhausplanung vornehmlich zur Unterstützung bei der Verortung von Krankenhausbereichen in einem Layout genutzt

Quelle: vgl. (Kettner 1987), (Schm 1995)

von nach	1	2	3	4	5	6	7	8	9
1	0	0	0	0	0	0	0	0	0
2	90	0	0	0	0	0	0	0	0
3	170	90	0	0	0	0	0	0	0
4	140	0	180	0	0	0	0	0	0
5	0	0	100	210	0	0	0	0	0
6	10	0	0	10	90	0	0	0	0
7	0	0	40	30	80	0	0	0	0
8	0	0	50	0	180	110	0	0	0
9	0	0	0	0	0	0	0	40	0

1= Allgemein- und Viszeralchirurgie	2=Anästhesie, Intensivmedizin und Schmerztherapie	3=Angiologie
4=Bettenhaus	5=Dermatologie und Allergologie	6=Radiologie
7= Gynäkologie	8= Pädiatrie	9= Apotheke

von nach	1	2	3	4	5	6	7	8	9
1	0	0	0	0	0	0	0	0	0
2	90	0	0	0	0	0	0	0	0
3	170	90	0	0	0	0	0	0	0
4	140	0	180	0	0	0	0	0	0
5	0	0	100	210	0	0	0	0	0
6	10	0	0	10	90	0	0	0	0
7	0	0	40	30	80	0	0	0	0
8	0	0	50	0	180	110	0	0	0
9	0	0	0	0	0	0	0	40	0

Materialflussmatrix
z. B. Transporteinheiten in [Stück]

1. Schritt: Suche die 2 Punkte mit stärkster Materialflussbeziehung

max = 210 Stk (4/5)

Dreiecksraster

2. Schritt: Suche nächstintensiven Punkt

Rest	1	2	3	6	7	8	9
4	140	0	180	10	30	0	0
5	0	0	100	90	80	180	0
Σ	140	0	280	100	110	180	0

Rest	1	2	6	7	8	9
3	170	90	0	40	50	0
4	140	0	10	30	0	0
5	0	0	90	80	180	0
Σ	310	90	100	150	230	0

Freie Rasterpunkte (mögliche Positionen für Nr. 1)

3. Schritt: Bestimmung der Position

A:	1 x 170	+ 1 x 140	+ 2 x 0	= 310
B:	1 x 170	+ 2 x 140	+ 1 x 0	= 450
C:	2 x 170	+ 1 x 140	+ 1 x 0	= 480

Dreiecksraster   Weg

Die *geringste* Intensität (Transportleistungszahl) ergibt sich, wenn für Nr.1 Position A gewählt wird.

 Schritt 2 und 3 für die restlichen Einheiten wiederholen

Abb. 2.67 Dreiecksverfahren nach Schmigalla (Quelle: in Anlehnung an Schmigalla 1995)

2.5.5.13   Betriebsmittelbedarfsermittlung – R2

Kurzbe-schreibung	Diese Methode dient der Quantifizierung der notwendigen Betriebsmittel in einem Krankenhaus. Zu diesen Betriebsmitteln können beispielsweise die Anzahl der MRTs, die Anzahl und Ausstattung von OPs aber auch die Anzahl der Waschstation einer Sterilgutabteilung zählen. Das Verfahren liefert sehr exakte Angaben zu den notwendigen Betriebsmitteln. Es bezieht sowohl Rüstzeiten von beispielsweise OP-Wagen, Schichtmodelle, Arbeitszeitmodelle und Bearbeitungszeiten in die Ermittlung mit ein. Hierdurch werden sehr gute und belastbare Ergebnisse erzielt
Vorgehens-weise	Es wird zunächst das medizinische Angebot des Krankenhauses definiert, die zugehörigen Behandlungsverfahren und daraus die notwendige Kapazität abgeleitet (Soll). Im nächsten Schritt wird der aktuelle Bestand aufgenommen (IST). Anschließend findet ein Soll-/Ist-Kapazitätsgrößen-Abgleich statt und daraus wird der Kapazitätsbedarf abgeleitet
Hinweise	BM (Betriebsmittel) sind: Allgemeine Ausrüstungen, OP-Tische, OP Besteck, etc
Vorteile	Die Ergebnisse des Verfahrens sind von hoher Qualität Das Verfahren kann mittels Softwaretools automatisiert werden
Nachteile	Das Verfahren hängt sehr stark von der Qualität der Eingangsgrößen ab
Anwen-dung	Kapazitätsplanung im Rahmen der Planung, um die notwendigen Bedarfe zu identifizieren und daraus die Investitionen für das Krankenhaus abzuleiten

Quelle: (Grundig 2009)

$$TK_i = \sum_{j=1}^{J} t_{rBij} = \sum_{j=1}^{J} t_{rBij} + \sum_{j=1}^{J} m_{ij} \cdot t_{eBij} \quad [min/Jahr]$$

TK_i erforderliche Belegungszeit für das Fallgruppe (z.B. Knie) i [min/Jahr]

t_{bBij} Betriebsmittelbelegungszeit für Behandlung j und Fallgruppe (z.B. Knie) i [min/Jahr]

t_{rBij} Betriebsmittelrüstzeit für die Behandlung j und die Fallgruppe (z.B. Knie) i [min/Jahr]

m_{ij} geforderte Menge von Behandlungen gemäß DRG und Fallgruppe i [Stück/Jahr]

t_{eBij} Betriebsmittelzeit je Einheit für die Behandlung j und die Fallgruppe (z.B. MRT) i [min/Stück]

$$T_{Ej} = A_i \cdot h_i \cdot S_i \cdot \eta_{z\,maxi} \quad [min/Jahr]$$

T_{Ej} verplanbare Maschinenbelegungszeit (z.B. MRT) [min/Jahr] A_i Anzahl Arbeitstage für die Fallgruppe i [Tage/Jahr]

h_i vorhandene Belegungszeit für die Fallgruppe i je Tag und Schicht [min/Tag * Schicht]

S_i Anzahl Schichten für die Fallgruppe i [–]

$\eta_{z\,maxi}$ maximaler Zeitnutzungsgrad für die Fallgruppe i [–]

$$BM_i = \frac{T_{ki}}{T_{Ej}} = \frac{\sum_{j=1}^{J} t_{rBij} + \sum_{j=1}^{J} m_{ij} \cdot t_{eBij}}{A_i \cdot h_i \cdot S_i \cdot \eta_{z\,maxi}} \quad [–]$$

$\eta_{z\,maxi}$ = 0,7 (OP)

$\eta_{z\,maxi}$ = 0,8 (Radiologie)

$\eta_{z\,maxi}$ = 0,9 (Ambulanz)

2.5.5.14 Fehlerbaumanalyse – R2

Kurzbe-schreibung	Ziel der Fehlerbaumanalyse ist es, die Ursachen eines Fehlers strukturiert zu identifizieren. Zu diesen Fehlern können Baumängel im Rahmen der Umsetzungsplanung des Krankenhausbaus aber auch Behandlungsfehler gezählt werden. Zur Identifikation des Fehlers werden mögliche Kombinationen von Ursachen erstellt, die zu einem unerwünschten Ereignissen geführt haben könnten. Diese werden mithilfe einer Baumstruktur visualisiert. Zudem werden die Wahrscheinlichkeiten für diese unerwünschten Ereignisse sowie Ausfallkombination ermittelt
Vorgehens-weise	1. Fehlerbaum erstellen: Hierzu werden alle möglichen Ursachen für das Auftreten des Fehlers identifiziert und in Form einer hierarchischen Struktur visualisiert (Abb. 2.68) 2. Unerwünschte Ereignisse und Ausfallkriterien bestimmen: die relevanten Zuverlässigkeitsgrößen und das Zeitintervall festgelegt und die Ausfallarten der Komponenten (z. B. Übermüdung des Personals) bestimmt 3. Bewertung der Einträge des Fehlerbaumes 4. Auswertung der Ergebnisse
Hinweise	–
Vorteile	Für die Fehlerbaumanalyse ist wenig Fachwissen für die Erfassung der Ursachen notwendig. Es werden alle Ereigniskombinationen ermittelt, aus denen qualitative und quantitative Aussagen entnommen werden können
Nachteile	Die Analyse ist aufwendig und komplex und es sind genaue Kenntnisse des Systems erforderlich
Anwen-dung	Die Fehlerbaumanalyse eignet sich sehr gut für die Identifikation von Behandlungsfehlern. Ebenso kann diese Methode auch zur Identifikation von Planungs- und Umsetzungsfehlern im Rahmen der Krankenhausplanung eingesetzt werden

Quelle: vgl. (Seghezzi 1996), (Pfeifer 1993), (Junginger 2005)

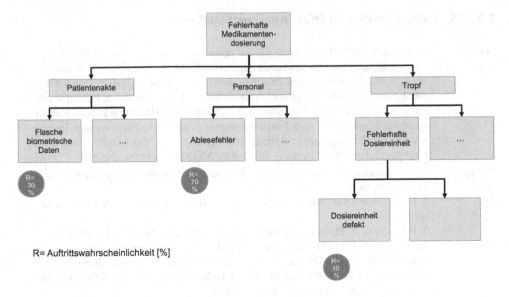

R= Auftrittswahrscheinlichkeit [%]

Abb. 2.68 Beispiel Anwendung Fehlerbaumanalyse

2.5.5.15   Failure Mode and Effect Analysis/FMEA – R3

Kurzbe-schreibung	Im Rahmen der FMEA Analyse werden potenzielle Fehler die bei der Planung und Umsetzung des Krankenhauses auftreten können hinsichtlich der Fehlerwahrscheinlichkeit, der möglichen Ursachen sowie des Risikos analysiert. Durch das proaktive/strukturierte Vorgehen können mögliche Fehler vor ihrem Eintritt identifiziert werden und Gegenmaßnahmen ergriffen werden. Hierdurch können sowohl Gefahren minimiert als auch Fehlerbeseitigungskosten vermieden werden. Insbesondere die Planung einer komplexen Struktur, wie es auf das Krankenhaus zutrifft, birgt ausreichend Risiken, die es durch diese Methode zu vermeiden gilt
Vorgehens-weise	1. Strukturanalyse, Unterteilung in Teilbereiche (Funktionen) zur (potenziellen) Fehleridentifikation 2. Funktionsanalyse, Analyse der Funktion (z. B. Pflege) im Gesamtsystem (Krankenhaus) 3. Fehleranalyse, Definition potenzieller Fehler, Beschreibung der Ursachen, Bewertung der Folgen (Risiken) anhand einer zuvor standardisierten Skala 4. Risikobewertung, Multiplikation der Folgen und des Aufwandes für Entdeckungs- und Vermeidungsmaßen ergibt die Risikoprioritätszahl (RPZ). Ableitung konkreter Gegenmaßnahmen anhand der RPZ
Hinweise	–
Vorteile	Frühzeitige Aufdeckung von potenziellen Schwachstellen und die Förderung der Kommunikation und des Verständnisses bei der Zusammenarbeit
Nachteile	Es wird eine Unterstützung durch das Management benötigt und die Analyse ist mit hohem Aufwand verbunden
Anwendung	In zahlreichen Bereichen anwendbar, in denen Fehler und Ursachen konkret bestimmt werden können

Quelle: vgl. (VDA 1996), (DGQ 2001), (Heeg 1994), (Kersten 2000), (Pfeifer 1993)

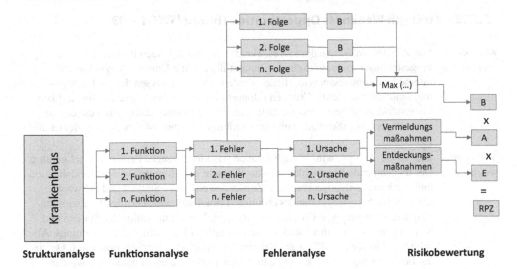

Abb. 2.69 Anwendung FMEA

2.5.5.16 Strength Weakness Opportunities Threats/SWOT – R3

Kurzbe-schreibung	Das Ziel der SWOT-Analyse ist es, Handlungsempfehlungen für verschiedene Fragestellungen zu entwickeln. Es umfasst die externe Umweltanalyse und die interne Krankenhausanalyse. Hierzu werden externe Analysen des Technologie- und Innovationsumfelds (Chancen (Opportunities), Risiken (Threats)) im Kranken- hausumfeld identifiziert und mit Hilfe einer Unternehmensanalyse um die eigene Innovationsstärke (Strengths) und Innovationsschwäche (Weaknesses) in Beziehung gesetzt
Vorgehens-weise	Die SWOT-Analyse wird in einer Gruppe von vier bis sechs Personen durchgeführt. Der teilnehmende Personenkreis sollte über sehr gute Kenntnisse der Marktsituation und Konkurrenzsituation verfügen. Zunächst werden die Stärken und Schwächen des Untersuchungsgegenstandes ermittelt. Darauf aufbauend erfolgt die Identifika- tion und Bewertung von Chancen und Risiken. Die Identifikation der Stärken und Schwächen sowie Chancen und Risiken erfolgt auf Basis eines Brainstormings. Ab- schließend werden die Elemente der vier Bereiche gewichtet und priorisiert. Durch die Fokussierung können konkrete und fokussierte Strategien entwickelt werden
Hinweise	–
Vorteile	Die Darstellung der ermittelten Informationen ist verdichtet, übersichtlich und ein- fach
Nachteile	Es wird nicht gewährleistet, dass alle wesentlichen Einflussfaktoren berücksichtigt werden. Verhältnismäßig schwierige Informationsbeschaffung Subjektive Bewertung
Anwen-dung	Anwendung im strategischen Marketing und Management. Entwicklung der Klinikstrategie sowie der Ableitung von neuen Dienstleistungs- und Behandlungs- feldern

Quelle: vgl. (Hagenhoff 2008), (Wittmann 2006)

Abb. 2.70 Anwendung SWOT

2.5.5.17   Planungstisch – R2

Kurzbe-schreibung	Mit diesem modernen partizipativen Layoutplanungswerkzeug wird die Einbeziehung der Know-how-Träger auch ohne planerische Vorkenntnisse ermöglicht. Die verschiedenen Layoutvarianten können mit Hilfe der Software während der Planung bereits bewertet, untereinander verglichen und weiter optimiert werden Die Kernelemente des Systems sind die stationäre und mobile Ausführung des Planungstischs, welche durch einen integrierten hochauflösenden Bildschirm in Verbindung mit der Multitouchscreen-Oberfläche die 2D-Layoutplanung ermöglichen. Durch die Anbindung des mobilen VR-Systems können bereits während der Planung erste dreidimensionale Eindrücke über räumliche Verhältnisse gewonnen werden
Vorgehens-weise	1. Aufstellung ideales Funktionsschema 2. Erweiterung durch flächenmäßigen Anforderungen der Funktionseinheiten 3. Anpassung durch reale Gegebenheiten und Restriktionen
Hinweise	–
Vorteile	Schnelle und unterstütze Planung Digitale Planung von Beginn der Layoutentwicklung
Nachteile	Initialaufwand für die Vorbereitung der Layouts für die Softwareplattform
Anwen-dung	Der Planungstisch eignet sich für die partizipative Layoutplanung im Rahmen der Krankenhausplanung. Der Planungstisch kann in diesem Zusammenhang sowohl auf Ebene der Generalbebauung als auch auf Arbeitsplatzebene, wie beispielsweise die Gestaltung des OPs eingesetzt werden

Quelle: vgl. (Dombrowski 2011)

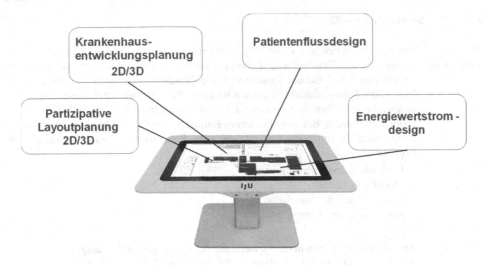

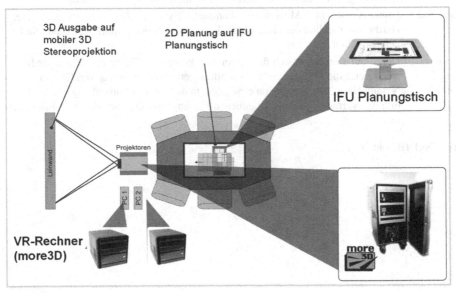

Abb. 2.71 Planungstisch. (Quelle: Dombrowski 2011)

2.5.5.18 Simulation – R2

Kurzbe-schreibung	Die Simulation beschreibt eine Vorgehensweise zur Analyse von komplexen Systemen, wie dem Krankenhaus, die für die Planung mit herkömmlichen Methoden zu aufwendig sind. Bei der Simulation werden Studien an einem theoretischen Modell des Krankenhauses oder deren Bereiche durchgeführt, um Erkenntnisse über das reale System zu gewinnen. Die Methode eignet sich für vielfältige Problemstellungen. Bekannte Felder des Einsatzes von Simulationen sind die Medikamentenflusssimulation, Logistiksimulation, Patientenflusssimulation oder die Ergonomiesimulation
Vorgehens-weise	1. Ist-Analyse und Datenaufnahme 2. Modellkonzeption 3. Durchführung der Simulation 4. Auswertung der Simulation
Hinweise	–
Vorteile	Analyse von Systemen in unterschiedlichen Umgebungen und Bedingungen Abbildung und Analyse komplexer Sachverhalte und Systemzuständen
Nachteile	Hoher Aufwand zur Modellierung komplexer Systeme (Zeit, Personal, Software, Hardware), Qualität der Eingangsgrößen (Unternehmensdaten) beeinflusst die Ergebnisqualität
Anwen-dung	Die Simulation eignet sich für die Analyse komplexer Zusammenhägen wie beispielsweise die Kapazität und materialflussgerechte Gestaltung von OPs oder Notaufnahme. Die Simulation ermöglicht in diesem Zusammenhang die Analyse und Auswertung von unterschiedlichen Planungsaspekten und deren Abhängigkeiten

Quelle: vgl. (Bracht 2011)

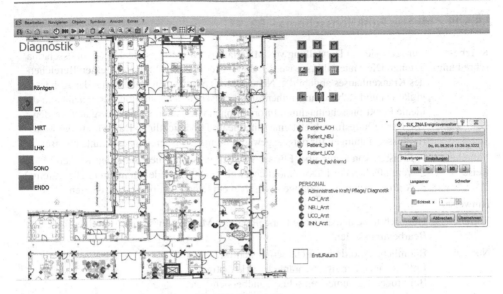

Abb. 2.72 Anwendung Simulation. (Vgl. UNITY AG)

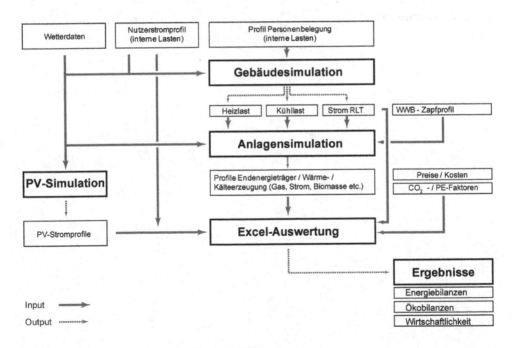

Abb. 2.73 Anwendung Simulation Energie (IGS)

2.5.5.19 Ideales Funktionsschema – R2

Kurzbe-schreibung	Zur idealisierten Darstellung von Materialflüssen wird das ideale Funktionsschema genutzt. Die Materialflüsse werden durch Pfeile zwischen den einzelnen Bereichen des Krankenhauses abgebildet. Neben der hierarchischen Darstellung der Abhängigkeiten und Behandlungsreihenfolgen zwischen den Funktionsbereichen kann das ideale Funktionsschema durch Informationen wie Patientenanzahl ergänzt werden. Die Darstellungsform bietet eine schnelle und übersichtliche Darstellung der Materialflussbeziehungen für den ausgewählten Funktionsbereich des Krankenhauses
Vorgehens-weise	1. Erfassen von Daten über Flüsse zwischen verschiedenen Stationen/Knoten 2. Vereinfachen der Flüsse (möglicherweise auch Aufteilen in mehrere Diagramme) 3. Aufträgen der Verbindungen zwischen einzelnen Stationen bzw. Knoten
Hinweise	–
Vorteile	Übersichtliche und einfache Darstellung des Materialflusses in der Reihenfolge der Bearbeitungsstufen
Nachteile	Räumliche Anordnung nicht berücksichtigt Entfernungen nur eingeschränkt berücksichtigt Bei großen Datenmengen schnell unübersichtlich
Anwen-dung	Das ideale Funktionsschema bietet dem Krankenhausplanungsteam eine Möglichkeit Behandlungspfade und deren Verortung im Krankenhaus in sehr übersichtliche Art und Weise zu visualisieren. Die so gewonnen Diagramme dienen der Optimierung der Funktionsbereiche und Detailplanung der einzelne Funktionsbereiche

Quelle: vgl. (Kettner 1987)

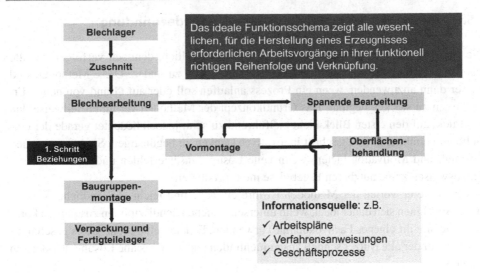

Abb. 2.74 Ideales Funktionsschema. (Quelle: Refa 1992, in Anlehnung an Kettner 1987)

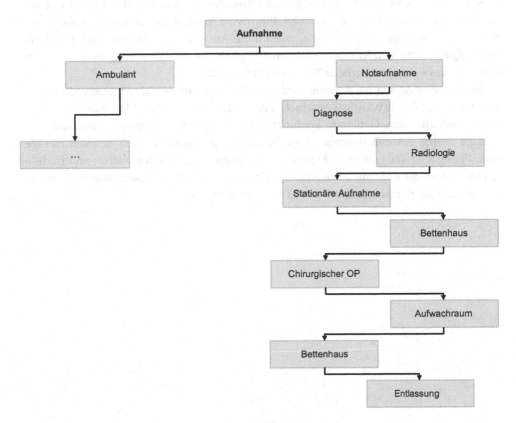

Abb. 2.75 Ideales Funktionsschema (Anwendung Krankenhaus)

2.5.6 Methoden der Kreativitätstechnik und Ideenfindung

Die Methoden der Kreativtechnik sind sehr unterschiedlich, dennoch verfolgen sie alle das gemeinsame Ziel, schnell neue Lösungen und Ideen zu finden. Diese Methoden sind immer dann anzuwenden, wenn ein Prozess anlaufen soll oder auf Grund von neuen Ergebnissen zu stocken beginnt. Das Grundkonzept der Methoden vermittelt teilweise den Eindruck, auf den ersten Blick nicht zielführend zu sein, jedoch bedeutet gerade der einfache und unübliche Arbeitsschritt innovatives Denken zu begünstigen. Sie können neuen Anschub und Motivation bieten, wenn neue Lösungsansätze fehlen und übliche Herangehensweisen keine nutzbaren Ergebnisse mehr produzieren.

Ein weiterer Vorteil der Methoden ist ihre einfache und leicht verständliche Anwendung. Sie eignen sich daher ideal, wenn unterschiedliche Fachdisziplinen zusammen kommen, die alle ihr eigenes Fachvokabular verwenden. Es kann eine breite Basis geschaffen werden, auf der alle Nutzer schnell zusammenfinden und gemeinsame Lösungen erdenken können.

Die Herausforderung der Anwendung dieser Methoden liegt in deren Auswertung. Hier muss besonders sorgfältig vorgegangen und vermieden werden, dass die Auswertung aus der Einzelsichtweise einer Person erfolgt. Innovative Ansätze können nur aus den erarbeiteten Ergebnissen gewonnen werden, wenn diese Auswertung subjektiv erfolgt und mit der Aufgabenstellung oder einem Problem abgeglichen wird. Daher kann es auch ratsam sein, zur Auswertung zusätzliche Personen heranzuziehen.

Ein weiterer Aspekt ist, dass die Methoden der Ideenfindung häufig einen Moderator benötigen, der den Arbeitsfluss anschiebt oder in Betrieb hält. Der Moderator ist zudem dafür zuständig, dass Gefühl zu vermitteln, dass keine Idee unsinnig ist und alle Vorschläge neutral gesammelt werden. Eine Bewertung erfolgt erst danach. Je intensiver die Beteiligung aller Teilnehmer einer Bearbeitungsgruppe ist, desto innovativer und zielführender können die Ergebnisse ausfallen. Bleibt die unbefangene Beteiligung aus, bleiben häufig auch die Ergebnisse hinter den Erwartungen zurück.

Abb. 2.76   Moderierte Ideenfindung

2.5.6.1   Synektik – R3

Kurzbe-schreibung	Lösung eines Problems durch die schrittweise Verfremdung der Problemstellung. Hierdurch erfolgt ein gedanklicher Abstand zum ursprünglichen Problem und eröffnet somit die Möglichkeit, aus einer alternativen Perspektive das Problem zu lösen. Es werden zwei unterschiedliche Denkebenen zusammengeführt, wenn durch den Einsatz von klassischen Methoden keine Lösung entwickelt werden kann
Vorgehens-weise	1. Problemdefinition: Abgegrenzte Darstellung der Problemstellung 2. Spontane Lösungen: Durch ein Brainstorming werden ungefiltert mögliche Lösungen für die Problemstellung gesammelt 3. Neuformulierung: Auf Basis der Lösungen wird das Problem aus einer anderen Perspektive neu beschrieben 4. Direkte Analogien 1: Analogien aus der Natur 5. Persönliche Analogien: Individuelle Analogien der einzelnen Teilnehmer, um einen persönlichen Bezug der Teilnehmer zur Problemstellung zu gewährleisten 6. Symbolische Analogien (Kontradiktionen) 7. Direkte Analogien 2: Den Analogien aus Phase 4 werden direkte Analogien aus einem andern Bereich zugeordnet (z. B. aus dem Bereich Technik) 8. Analogieanalyse: Das Planungsteam evaluiert die zuvor identifizierten Analogien 9. „Force-Fit": Bezug zum Ursprungsproblem, strukturierter Perspektivenwechsel und mögliche neue Lösung der ursprünglichen Problemstellung
Hinweise	–
Vorteile	Generierung neuer überlegener/radikaler Lösungsansätze
Nachteile	Die Übertragbarkeit der identifizierten Analogien ist nicht automatisch gewährleistet Zur Durchführung wird ein erfahrener Moderator benötigt
Anwen-dung	Die Synektik kann in allen Bereichen der Krankenhausplanung Anwendung finden, in denen das Planungsteam auf herkömmliche Weise keine Lösung herbeiführen kann

Quelle: vgl. (Eversheim 2003)

1. *Problemdefinition*
   Die Besucher benutzen den Personaleingang.
2. *Spontane Lösungen*
   Hinweisschilder, Tür abschließen.
3. *Neuformulierung*
   Die Besucher benutzen nicht den Besuchereingang.
4. *Direkte Analogien 1 (Natur)*
   Herdentiere folgen immer dem Leittier, Brieftauben finden immer zurück zum Taubenschlag.
5. *Persönliche Analogien (Identifikation)*
   Post für den Nachbarn wird immer im eigenen Briefkasten eingeworfen.
6. *Symbolische Analogien (Kontradiktionen)*
   Eingegrenzter Weg, Stau auf der Autobahn, Stier rennt zum roten Tuch.
7. *Direkte Analogien 2 (Technik)*
   Emailverbindung zwischen Sender und Empfänger, Stromleitungen leiten gezielt den Strom.
8. *Analogieanalyse*
   Direkte Verbindung zwischen Sendern und Empfänger, Materielle eingegrenzter Weg.
9. *„Force-Fit" (direkter Übertrag)*
   Besucher werden von einem Navigationsgerät zum Eingang geführt, Tür wird in einer anderen Farbe lackiert, der Weg zur Tür wird entfernt.

2.5.6.2   Brainstorming – R1

Kurzbe-schreibung	Das Brainstorming ist eine Methode der Ideenfindung. Im Rahmen dieser Methode werden Mitglieder des Planungsteams in homogenen Gruppen zusammengesetzt. Die Gruppen sollten eine Größe von fünf bis acht Teilnehmern nicht überschreiten. Das Brainstorming wird durch einen Moderator geführt. Der Prozess sollte solange durchgeführt werden, bis keine Ideen mehr zustande kommen. Dabei sind kleine Denkpausen akzeptabel
Vorgehens-weise	Bevor das Brainstorming beginnt, sollte das Problem ausreichend ausführlich beschrieben und vorgestellt werden. Während des Ideenfindungsprozess, welches mit der Phase der Ideenbewertung strikt getrennt werden muss, werden alle beigetragenen Ergebnisse protokolliert. Hierfür eignet sich beispielsweise eine Metaplanwand Während der Ideenfindungsphase ist jegliche Kritik oder Reflexion der Ideen untersagt. Die Bewertung der identifizierten Ideen erfolgt getrennt von der Findungsphase. Dieses Vorgehen hat zum Ziel mögliche Ideen nicht frühzeitig im Keim zu ersticken
Hinweise	Es wird empfohlen das Brainstorming durch einen unabhängigen Moderator durchführen zu lassen
Vorteile	Die Dauer des Brainstormings ist kurz, ca. 15 bis 60 Minuten Es ist eine sehr verständliche und einfache, effektive Methode
Nachteile	Während der Ideenfindung können sehr leicht Diskussionen zur Bewertung der Ideen entstehen Der Einsatz eines Moderators wird in der Regel unterschätzt
Anwen-dung	Anwendung findet diese im Ideenfindungs- und Verbesserungsprozess

Quelle: (Hentze 1989)

Abb. 2.77 Anwendung Brainstorming

2.5.6.3   Methode 635 – R2

Kurzbe-schreibung	Die Methode 635 wird im Rahmen von Kreativitätstechniken der Brainwriting-Technik zugeordnet. Die Methode wurde im Jahr 1968 von dem Marketing- und Unternehmensberater Bernd Rohrbach entwickelt, um das klassische Brainstorming weiter zu strukturieren
Vorgehens-weise	1. Sechs Teilnehmer erhalten eine identisches Papier 2. Das Papier wird mit drei Spalten und sechs Zeilen aufgeteilt. Jeder Teilnehmer wird im ersten Schritt aufgefordert, in der ersten Zeile drei Ideen zu formulieren 3. Das Blatt wird nach angemessener Zeit (ca. 5 Minuten) im Uhrzeigersinn an den nächsten Teilnehmer weitergereicht. Die Zeit zur Ideenfindung kann individuell vereinbart werden und richtet sich nach dem Schwierigkeitsgrad der Problemstellung. Die weitergereichten Ideen sollen vom nächsten Teammitglied aufgegriffen und weiterentwickelt werden Durch den Einsatz der Methode entstehen innerhalb von ca. 30 Minuten max. 108 Ideen: 6 Teilnehmer × 3 Ideen × 6 Zeilen
Hinweise	–
Vorteile	Ein direktes Feedback Viele Ideen in relativ kurzer Zeit Ideen werden nicht zerredet
Nachteile	Schwierige Handhabung in der Auswertung Der starre Ablaufmechanismus kann die Kreativität stören Redundanzen, im ungünstigsten Fall insgesamt nur drei Ideen
Anwen-dung	Im Rahmen der Krankenhausplanung können Problemarten geringer bis mittlerer Komplexität gelöst werden. Es wird empfohlen, die Methode 635 zur Strukturierung des Ergebnisses eines Brainstormings zu nutzen

Quelle: vgl. Higgins (1996)

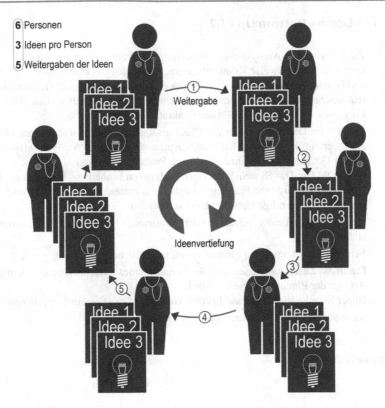

Abb. 2.78 Anwendung Methode 635

2.5.6.4   Top Down – Bottom Up – R2

Kurzbe-schreibung	Zur umfassenden Analyse und Auswertung der Prozesse in hochkomplexen Systemen, wie beispielsweise Krankenhäusern, eignet sich das Prinzip der „Top-down- und Bottom-up-Modellierung". Durch den Einsatz der Methode wird ein möglichst realistisches Bild der Praxis modelliert. Durch die wechselseitige Umsetzung der Prinzipien wird das das Abbild der Realität weiter anzupassen
Vorgehens-weise	TOP Down: Das System oder das Planungsobjekt werden von außen nach innen analysiert. Im Rahmen der Krankenhausplanung würde die Analyse beispielsweise bei der Gebäudehülle beginnen und beim Patientenbett enden BOTTOM Up: Das System wird von der kleinsten Einheit aus beschrieben. Im Krankenhaus würde die Planung/Analyse beim Patientenbett beginnen und daraus bis auf die notwendige Gebäudestruktur schließen
Hinweise	Um die Vorteile beider Verfahren nachzuvollziehen hat sich das Gegenstromprinzip etabliert
Vorteile	Vereinfachung komplexer Strukturen auf wesentliche Aspekte
Nachteile	Durch das Zusammenfassen aller Teilbereiche eines Systems können wichtige Aspekte der Planung übersehen werden Hoher Koordinationsaufwand bei der Anwendung des Gegenstromprinzips
Anwen-dung	Raumplanung, Unternehmensstrategie, Layoutplanung

Quelle: (Totzhauer 2014)

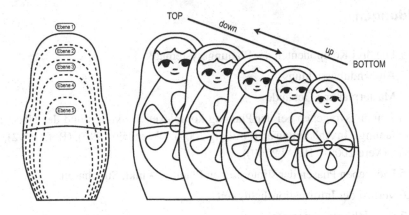

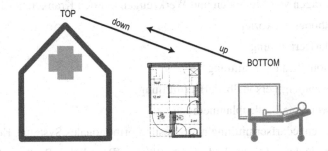

Abb. 2.79 Anwendung Top down – Bottom up

Abbildungen

Tabellen

Literatur

(Aggteleky 1987) Aggteleky, Béla: Fabrikplanung – Werksentwicklung und Betriebsrationalisierung – Band 1, Carl Hanser Verlag, München Wien, 1987

(Bacher 2010) Bacher, J.; Pöge, A.; Venzig, K.: Clusteranalyse: Anwendungsorientierte Einführung in Klassifikationsverfahren, Oldenbourg, München, 2010

(Backhaus 2003) Backhaus, Klaus; Erichson, Bernd; Plinke, Wulff; Weiber, Rolf: Multivariate Analysemethoden – Eine Anwendungsorientierte Einführung, Springer, Berlin, 2003

(Bailom 1996) Bailom, F.; Hinterhuber, H.; Matzler, K.; Sauerwein, E.: Das Kano-Modell der Kundenzufriedenheit, Marketing – Zeitschrift für Forschung und Praxis, Heft 2, 1996

(Bechmann 1978) Bechmann, Arnim: Nutzwertanalyse, Bewertungstheorie und Planung, Paul Haupt Verlag, Bern, 1978

(Boden 2005) Boden, Martina: Handbuch Personal, mi-Fachverlag, Landsberg am Lech, 2005

(Bracht 2011) Bracht, Uwe; Geckler, Dieter; Wenzel, Sigrid: Digitale Fabrik – Methoden und Praxisbeispiele, Springer Verlag, Berlin Heidelberg, 2011

(Brosius 1998) Brosius, Felix: SPSS 8 Professionelle Statistik unter Windows, mitp, 1998, S.873ff.

(Buchholz 2013) Buchholz, Liane: Strategisches Controlling: Grundlagen – Instrumente – Konzepte, Springer Gabler Verlag, Berlin, 2013

(Bund 2014a) Bundesministerium des Inneren: Erhebungstechniken – Interview, http://www.orghandbuch.de/OHB/DE/Organisationshandbuch/6_MethodenTechniken/61_Erhebungstechniken/612_Interview/interview-node.html, 20.12.2014

(Bund 2014b) Bundesministerium des Inneren: Erhebungstechniken – Fragebogen, http://www.orghandbuch.de/OHB/DE/Organisationshandbuch/6_MethodenTechniken/61_Erhebungstechniken/613_Fragebogen/fragebogen-node.html, 20.12.2014

(Bund 2014c) Bundesministerium des Inneren: Erhebungstechniken – Selbstaufschreibung, http://www.orghandbuch.de/OHB/DE/Organisationshandbuch/6_MethodenTechniken/61_Erhebungstechniken/614_Selbstaufschreibung/selbstaufschreibung-node.html, 20.12.2014

(Bund 2014d) Bundesministerium des Inneren: Erhebungstechniken – Multimomentaufnahme, http://www.orghandbuch.de/OHB/DE/Organisationshandbuch/6_MethodenTechniken/61_Erhebungstechniken/616_Multimomentaufnahme/multimomentaufnahme-node.html, 20.12.2014

(Camp 1994) Camp, Robert: Benchmarking, Carl Hanser Verlag, München, 1994

(Čamra 1977) Čamra, J. J.: REFA-Lexikon – Betriebsorganisation – Arbeitsstudium, Planung und Steuerung, Beuth Verlag, Berlin, 1977

(Clausewitz 1990) C. von Clausewitz, W. Pickert und W. Ritter von Schramm, Vom Kriege, Reinbeck bei Hamburg: Rowohlt, 1990.

(Cottin 2013) Cottin, C.; Döhler, S.: Risikoanalyse: Modellierung, Beurteilung und Management von Risiken mit Praxisbeispielen. Springer Verlag Berlin 2013.

(DGQ 2001) Deutsche Gesellschaft für Qualität e.V., Arbeitsgruppe 131 „FMEA": DGQ-Band, 13-11, Beuth, Berlin, 2001

(Dickhoff 2011) Dickhoff, A.: Energie sparendes Krankenhaus – Gütesiegel BUND. http://www.energiesparendes-krankenhaus.de/, 21.06.2011.

(Dombrowski 2011) Dombrowski, U.; Riechel, C.; Schulze, S.: Multitouch-Planungstisch als Werkzeug der partizipativen Fabrikplanung IQ Journal, Verein Deutscher Ingenieure – VDI, Braunschweiger Bezirksverein e.V. Quartal 2/2011

(Domschke 1996) Domschke, Wolfgang; Drexl, Andreas: Logistik – Standorte, Oldenbourg, München, 1996

Duden, Das Herkunftswörterbuch – Etymologie der deutschen Sprache, Mannheim: Dudenverlag, 2007.

(Ernst 2010) Ernst & Young: Krankenhauslandschaft im Umbruch, Stuttgart 2010

(Eversheim 2003) Eversheim, W.: Innovationsmanagement für technische Produkte. Springer Verlag Berlin 2003

(Gausemeier 1996) Gausemeier, J; Fink, A.; Schlake, O.: Szenario-Management. Planen und Führen mit Szenarien. München Wien: Hanser Verlag 1996.

(Grochla 1983) Grochla, Erwin: Unternehmensorganisation – Neue Ansätze und Konzeptionen, Westdeutscher Verlag, Opladen, 1983

(Grundig 2009) Grundig, Claus-Gerold: Fabrikplanung: Planungssystematik – Methoden – Anwendungen, Carl Hanser Verlag, München, 2009, 3. Auflage

(Gudehus 2012) Gudehus, Timm: Logistik 1 – Grundlagen, Verfahren und Strategien, Springer Verlag, Berlin Heidelberg, 2012

(Hagenhoff 2008) Hagenhoff, S.: Innovationsmanagement für Kooperationen: eine instrumentorientierte Betrachtung, Niedersächsische Staats- und Universitätsbibliothek, Göttingen, 2008

(Heeg 1994) Heeg, F.-J., Meyer-Dohm, P. (Hrsg.): Methoden der Organisationsgestaltung und Personalentwicklung, Hanser, München 1994

(Heiß 2004) Heiß, Marianne: Strategisches Kostenmanagement in der Praxis: Instrumente – Maßnahmen – Umsetzung, Gabler, Wiesbaden, 2004

(Heinrich 2005) Heinrich, Lutz; Lehner, Franz: Informationsmanagement, 8. Auflage, Oldenbourg, München, 2005

(Hentze 1989) Hentze, H; Müller, K.-D; Schlicksupp, H.: Praxis der Managementtechniken, Carl Hanser Verlag München Wien 1989

(Hermann 2009) Hermann, A.; Huber, F.: Produktmanagement: Grundlagen, Methoden, Beispiele, Gabler Verlag, Wiesbaden, 2009

(Higgins 1996) Higgins, J. M., Wiese, G. G.: Innovationsmanagement. Kreativitätstechniken für den unternehmerischen Erfolg, Springer Verlag Berlin 1996

(HOAI 2009) Honorarordnung für Architekten und Ingenieure vom 18. August 2009, Vieweg + Teubner, Wiesbaden, 2010, 4., vollst. Aktualisierte Aufl.

(Huber 2001) Huber, A.: Demontageplanung und –steuerung, *Shaker Verlag*, Aachen, 2001

(Huber 2008) Huber, A.: Praxishandbuch Strategische Planung: Die neuen Elemente des Erfolgs, Erich Schmidt Verlag GmbH & Co, Berlin, 2008

(Hüttner 2002) Hüttner, M; Schwarting, U.: Grundzüge der Marktforschung. Oldenbourg Verlag Berlin 2002

(Jahnke 1988) Jahnke, Hermann: Clusteranalyse als Verfahren der schließenden Statistik, Vandenhoeck & Ruprecht, Göttingen, 1988

(Jensen 1992) Jensen, K.: Coloured Petri Nets 1, Basic Concepts, Analysis Methods and Practical Use, In: EATCS Monographs on Theoretical, Computer Science, Springer Verlag, Berlin, Heidelberg, New York, 1992

(Junginger 2005) Junginger, Markus: Wertorientierte Steuerung Von Risiken Im Informationsmanagement, Deutscher Universitäts-Verlag GmbH/GWV Fachverlage Wiesbaden, Wiesbaden, 2005

(Hansmann 2006) Hansmann, K.-W.: Industrielles Management, Walter de Gruyter GmbH & Co KG, 2006.

(Kersten 2000) Kersten, G.: VDI-Bericht NR. 1558 matrix-FMEA/quick-Aid: Eine wichtige Methode zur Planung und Entwicklung erfolgreicher Produkte, VDI-Verlag, Düsseldorf, 2000

(Kettner 1984) Kettner, H., Schmidt, J. and Greim, H.-R. (1984) Leitfaden der systematischen Fabrikplanung, München, Wien, Hanser.

(Kettner 1987) Kettner, Hans; Schmidt, Jürgen; Greim, Hans-Robert: Leitfaden der systematischen Fabrikplanung, Carl Hanser Verlag, München Wien, 1987

(Klee 2005) Klee, H.: Ambulant erworbene Pneumonie: Daten zur Epidemiologie und Klinik. Dissertation, Berlin, 2005.

(Knöfler 2013) Knöfler, P.; Riechel, C.; Holzhausen, J.; Sunder, W.: Praxis: Krankenhausbau – Demoskopische Untersuchung bundesdeutscher Krankenhäuser, 2013

(Klinikum 2008) Klinikum Aktuell, Dez. 2008, Ausgabe Nr. 18, Qualitätsbericht Klinikum Braunschweig 2005, 2006, 2008, 2010, Geschäftsbericht 2012

(KOFA 2015) KOFA – Fachkräftesicherung für kleine und mittlere Unternehmen: Personalbedarfsplanung, http://www.kofa.de/handlungsempfehlungen/situation-analysieren/personalbedarfsplanung, 06.01.2015

(König 2009) König, H.; Kohler, N.; Kreissig, J.; Lützkendorf, Th.: Lebenszyklusanalyse in der Gebäudeplanung, Detail Green Books, München, 2009

(LaSalle 2008) LaSalle J. L.: Büronebenkostenanalyse, OSCAR, Berlin, 2008

(Mathar 2011) Mathar, Scheuring: Logistik für technische Kaufleute und HWD: Grundlagen mit Beispielen, Repititionsfragen und Antworten sowie Übungen, Edubook AG, Merenschwand, 2011

(Marca 1987) Marca, D. A.; McGowan C.: SADT: structured analysis and design technique, McGraw-Hill, Inc., 1987

(Meyers 2008) Meyers Lexikon, „Lexikon und Enzyklopädie," 2008. (Online). Available: http://lexikon.meyers.de/index.php?title=Werkzeug&oldid=172225. (Zugriff am 05.08.2008).

(Müller 2011) Müller-Stewens. Lechner: Strategisches Management, Schäffer-Poeschel, Stuttgart, 2011

(Nestler 1969) Nestler, H.: Methoden zur Bestimmung der Raumgröße und Raumausnutzung von Fertigungswerkstätten. Dissertation: Universität Hannover 1969

(Neumann 1944) Von Neumann, John; Morgenstern, Oskar: Theory of Games and Economic Behavior, Princeton University Press, Princeton, 1944

(Neufert 2009) Kister, Johannes; Neufert, Ernst; Lohmann, Martin; Merkel, Patricia; Brockhaus, Mathias: Bauentwurfslehre: Grundlagen, Normen, Vorschriften über Anlagen, Bau, Gestaltung, Raumbedarf, Raumbeziehung, Maße für Gebäude, Räume, Einrichtungen und Geräte mit dem Menschen als Maß und Ziel. Handbuch für den Baufachmann, Bauherrn, Lehrende und Lernenden, Springer Verlag, 2009

(OMG 2013) OMG: Business Process Model and Notation (BPMN) – Version 2.0.2, 2013

(Patterson 1996) Patterson, J. G.: Grundlagen des Benchmarking – Die Suche nach der besten Lösung, Ueberreuter, Wien, 1996

(Pfeifer 1993) Pfeifer, T.: Qualitätsmanagement – Strategien, Methoden, Techniken, Carl Hanser Verlag, Wien München, 1993

(Prefi 2007) Prefi, T.; Qualitätsmanagement in der Produktentwicklung, In: Pfeifer, T.; Schmitt, R.: Handbuch Qualitätsmanagement, Carl Hanser Verlag, München, 2007

(Refa 1978) REFA: Methodenlehre des Arbeitsstudiums – Teil 2 Datenermittlung, Carl Hanser Verlag, München, 1978

(Refa 1992) REFA: REFA-Methodenlehre der Betriebsorganisation – Ablauforganisation im Bürobereich, Carl Hanser Verlag, München, 1992.

(Reich 2006) Reich, Michael; Hillar, Thomas: Frühwarnsysteme, Springer Verlag, Berlin, 2006

(Reisig 1982) Reisig, W.: Petrinetze – Eine Einführung, Springer Verlag, Berlin, Heidelberg, New York, 1982

(Rempp 2011) Rempp, Gerhard, Akermann, Mark; Löffler, Martin; Lehman, Jens: Model Driven SOA: Anwendungsorientierte Methodik und Vorgehen in der Praxis, Springer Verlag, Berlin, 2011

(Roland 2010) Roland, Jochen: Was kostet Qualität? Wirtschaftlichkeit von Qualität ermitteln, Hanser Verlag, München, 2010

(Rother 2008) Rother, Mike; Shook, John: Sehen lernen – mit Wertstromdesign die Wertschöpfung erhöhen und Verschwendung beseitigen, LOG _X Verlag, Aachen, 2008

(Sabisch 1997) Sabisch, H.; Tintelnot, C.: Integriertes Benchmarking für Produkte und Produktentwicklungsprozesse, Springer Verlag, Berlin Heidelberg, 1997

(Sauerwein 2000) Sauerwein, E.: Das Kano-Modell der Kundenzufriedenheit, Gabler Verlag, Wiesbaden, 2000

(Schenk 2004) M. Schenk und S. Wirth, Fabrikplanung und Fabrikbetrieb – Methoden für die wandlungsfähige und vernetzte Fabrik, Magdeburg, Chemnitz: Springer-Verlag, 2004.

(Schlicksupp 1980) Schlicksupp, H.: Innovation, Kreativität und Ideenfindung, Vogel Verlag, Würzburg, 1980

(Schmigalla 1995) Schmigalla, Hans: Fabrikplanung: Begriffe und Zusammenhänge, Hanser Verlag, München Wien, 1995

(Schmid 2009) Schmid, Kurt: Prozessoptimierung im Output-Management: Prozessmodellierung, Prozessqualität nach ISO/SPICE, ITIL, Organisation, Technologien, Lösungen, Strategien, Books on Demand GmbH, Norderstedt, 2009

(Seghezzi 1996) Seghezzi, H. D.: Integriertes Qualitätsmanagement – Das St. Galler Konzept, Wien, 1996

(Sieg 2005) Sieg, Gernot: Spieltheorie. Oldenburg Verlag 2005.

(Steinbauer 2006) Steinbauer, Daniel: Markt- und Trendforschung als Instrumente strategischer Planung verdeutlicht am Fallbeispiel der Gastronomie, Diplomica Verlag, Hamburg, 2006

(Steinmüller 2006a) Steinmüller, Karlheinz: Grundlagen und Methoden der Zukunftsforschung, Sekretariat für Zukunftsforschung, Gelsenkirchen, 1997

(Stier 1999) Stier, W.: Empirische Forschungsmethoden, Springer, Berlin, 1999

(Totzhauer 2014) Totzhauer, F.: Top-down- und Bottom-up-Ansätze im Innovationsmanagement: Managerverhalten und funktionsübergreifende Zusammenarbeit als Innovationstreiber. Springer Verlag Berlin 2014.

(Tukey 1977) Tukey, John W.: Exploratory data analysis, Addison-Wesley, 1977

(Urban 2011) Urban, D.; Mayerl, J.: Regressionsanalyse: Theorie, Technik und Anwendung. Springer Verlag Berlin 2011

(VDA 1996) Verband der Automobilindustrie (Herausgeber): Qualitätsmanagement in der Automobilindustrie, Sicherung der Qualität vor Serieneinsatz, Teil 4.2, System-FMEA, Verband der Automobilindustrie e. V. (VDA), Frankfurt am Main, 1996

(Vere 2009) Verein Deutscher Ingenieure e. V. (2011a) '5200 (2009) Fabrikplanung', Planungsvorgehen, Verein Deutscher Ingenieure VDI.

(Weilkiens 2011) Weilkiens, Tim: OCEB Certification Guide: Business Process Management – Fundament Level, Chapter 6, Morgan Kaufmann, Walsham, 2011

(Westkämper 2009) Westkämper, E.; Zahn, E.: Wandlungsfähige Produktionsunternehmen – Das Stuttgarter Unternehmensmodell, Springer, Berlin, 2009

(Wiendahl 1996) Wiendahl, H.-P. (1996) 'Grundlagen der Fabrikplanung', in Eversheim, W. (ed) Hütte – Produktion und Management: „Betriebshütte", 7th edn, Berlin u. a., Springer, pp. 9-1, 9-56.

(Winkelmann 2010) Winkelmann: Marketing und Vertrieb – Fundamente für die marktorientierte Unternehmensführung, Oldenbourg, München, 2010

(Wittmann 2006) Wittmann, R. G.; Leimbeck, A.; Tomp, E.: Innovationen erfolgreich steuern, RED-LINE, München, 2006

(Zaspel 2003) Zaspel, U.: ROC-Studie zur Bedeutung klinischer und radiologischer Befunde für die Diagnose von Patienten mit HIV-assoziierter invasiver Lungenaspergillose, Diss. Humboldt-Universität zu Berlin, Medizinische Fakultät-Universitätsklinikum Charité, Berlin, 2003.

(Zimmermann 1987) Zimmermann, Hans-Jürgen: Methoden und Modelle des Operations Research, Vieweg Verlag, Braunschweig, 1987

Beispielsammlung

Jan Holzhausen, Philipp Knöfler, Christoph Riechel und
Wolfgang Sunder

3

Die folgende Beispielsammlung untermauert die theoretischen Grundlagen des vorangegangenen Kapitels. Die Beispiele haben das Ziel, Planern, Bauschaffenden und Betreibern an ausgewählten Projekten den Mehrwert einer standardisierten Vorgehensweise bei der Planung und dem Betrieb von Krankenhäusern darzustellen.

Das Erfolgsrezept nachhaltiger Projekte ist in der Regel der integrale Planungsansatz und die gründliche Bearbeitung einer strategischen Planung. Strategien und Ziele der Beispielprojekte wurden frühzeitig definiert und nachverfolgt. In diesem Zusammenhang werden besonders erfolgreiche Methoden und Werkzeuge des jeweiligen Projektes genannt.

Die wertvollsten Erfahrungen werden im Rahmen eines „Lessons Learned" zusammengefasst und sollen Anregung zur Nachahmung geben.

3.1 Klinikum Lippe Detmold

Planungsobjekt

Unternehmensname:	Klinikum Lippe GmbH
Träger:	Kreis Lippe
Mitarbeiteranzahl:	ca. 3000
Projektleiter:	Herr Dipl.-Ing. Bartels, Herr Dipl.-Ing. Potthast
Beteiligte Fachabteilungen:	Abteilung Technik
Projektlaufzeit:	2001–2013
Projektvolumen:	60 Mio. €

© Springer Fachmedien Wiesbaden 2015
C. Roth et al. (Hrsg.), *Zukunft. Klinik. Bau.*, DOI 10.1007/978-3-658-09988-6_3

Planungsbüro

Unternehmensname: Architektengruppe Schweitzer GmbH
Mitarbeiteranzahl: 50
Leistungsspektrum: LP 1–9 sowie Medizintechnikplanung
Projektleiter: Dipl.-Ing. Joachim Welp, Architekt BDA
Projektmitarbeiter: Innenarchitektur Dipl.-Ing. Steffi Manew, Bauüberwachung Dipl.-Ing. Olaf Wolf

Ausgangslage und Problemstellung
Seit der Zielplanung 2001–2013 für das Klinikum Lippe Detmold haben sich die Bedingungen für den wirtschaftlichen Betrieb von Krankenhäusern wesentlich verändert. Im Rahmen der Überprüfung der Ausgangssituation konnte zunächst ein Investitionsstau identifiziert werden. Ebenso kann festgehalten werden, dass die Betriebskosten des Klinikums Lippe Detmold dem Erhalt und dem Ausbau der Wettbewerbssituation gegenüberstanden. Die insgesamt veraltete Bausubstanz wies nicht ausreichend Potenzial für eine Bestandsoptimierung aus. Dies kann beispielsweise mit der Patientenzimmerstruktur begründet werden. Das Klinikum verfügt überwiegend über Dreibettzimmer ohne integriertes Bad. Insgesamt ist das Raumangebot für Behandlungen im Verhältnis zur Bettenzahl nicht ausreichend. Eine weitere detaillierte Überprüfung der Planung wurde aus den folgenden Gründen initiiert:

- Die Planung war überwiegend auf einen Klinikstandort begrenzt.
- Die Erwartungen an die Steigerung der Behandlungsfälle waren zu optimistisch.
- Die alleinige Ausrichtung auf stationäre Strukturen war nicht zeitgemäß.
- Die Marktstellung des Klinikums blieb unberücksichtigt.
- Das medizinischen Profil des Klinikums sollte geschärft werden.

Zugleich sinken im Kreis Lippe seit 2001 die Einwohnerzahlen. Die Prognose sieht bis 2030 eine Abnahme der Bevölkerung um etwa 10 % auf ca. 320.000 Einwohner vor. Neben diesen Zahlen haben sich die Rahmenbedingungen im Gesundheitswesen massiv verändert. Im Folgenden ist nur eine Auswahl der Veränderungstreiber dargestellt:

- Einführung des DRG-Systems 2004,
- kürzere und zugleich behandlungsintensivere Pflege,
- Reduzierung der Klinikstandorte sowie der Bettenzahl,
- höhere Bedeutung der ambulanten Leistungen im Krankenhaus,
- Umstellung der Krankenhausinvestitionsförderung in NRW auf eine Baupauschale,
- Veränderungsdruck durch Innovationen in der Medizin(technik): anpassungsfähige, effiziente Gebäude und Prozesse sind erforderlich,
- gestiegene Energiekosten erfordern innovative Gebäudetechnik.

Die skizzierten Veränderungen der Ausgangssituation führen zu einem Spannungsfeld zwischen Prozess und Gebäude. Die äußeren Rahmenbedingungen ändern sich schneller als die Gebäudestruktur folgen kann und führen an einen Punkt an dem die Wandlungsfähigkeit in den vorhandenen Gebäudestrukturen nicht mehr ausreicht. Die Umsetzung von neuen Gebäudestrukturen, die den veränderten Anforderungen an die Kliniklandschaft in Deutschland entsprechen, ist an diesem Punkt eine zwingende Voraussetzung, um die langfristige Wettbewerbsfähigkeit des Klinikums zu erhalten und die Forschungs- und Versorgungsleistung kontinuierlich zu verbessern.

Ziel
Ausgehend von den skizzierten Rahmenbedingungen des Klinikums Lippe Detmold wurde im Rahmen diverser Workshops eine Zielstruktur aufgebaut. Diese Zielstruktur wurde in einen Businessplan überführt. Der Businessplan basiert auf einem umfangreichen Gutachten zur Strategie 2025, welche die Entwicklung des Standortes bis zum Jahr 2025 beschreibt. Dieser Businessplan beinhaltet prognostizierte Leistungszahlen, Möglichkeiten zur Prozessoptimierung durch Verknüpfung einzelner Kliniken sowie das Basisziel, ein Klinikum der kurzen Wege zu realisieren. Ebenfalls wurden Veränderungen in der Investitionsförderung sowie die gestiegenen Ansprüche der Patienten und Angehörigen berücksichtigt.

Vorgehensweise
Die Vorgehensweise orientiert sich im ersten Schritt an der Abgrenzung des medizinischen Angebots zwischen den beiden Standorten Detmold und Lemgo. Anschließend wurden die Markt- und Wettbewerbschancen für den Standort Lippe untersucht. Mit dem Angebot einer Familienklinik, eines Zentrums für Herz-, Kreislauf- und Gefäßerkrankungen, einer Klinik für gastrointestinale Erkrankungen, sowie Traumazentrums konnte eine klare Grenze zum Leistungsangebot des Klinikums Lemgo geschaffen werden. Die Untersuchung wurde auf Basis einer Wettbewerbsanalyse sowie einer Wirtschaftlichkeitsberechnung durchgeführt. In der dritten Phase der Planung wurden die Bauabschnitte und Realisierungsabfolgen der beiden Standorte festgelegt. Durch eine intersektorale Verknüpfung konnte die Patientenversorgung hinreichend optimiert werden.

Abbildungen
Abbildungen 3.1 bis 3.5 zeigen den Ablauf einer Zielplanung bzw. ihrer Fortschreibung am Beispiel des Klinikums Lippe Detmold.

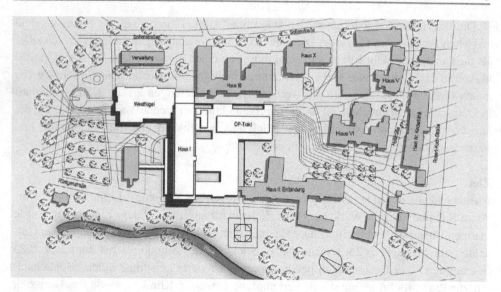

Abb. 3.1 Bestand vor Beginn der 1. Zielplanung. (Quelle: Schweizer und Partner)

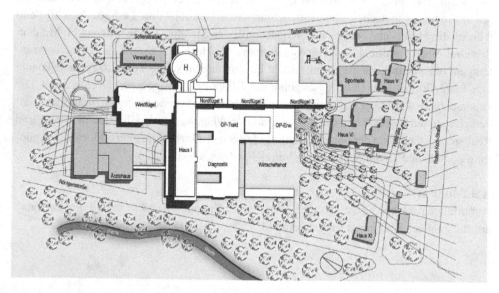

Abb. 3.2 Zielplanung 2001. (Quelle: Schweizer und Partner)

Abb. 3.3 Visualisierung Zielplanung 2001. (Quelle: Schweizer und Partner)

Abb. 3.4 Fertigstellung der ersten Bauabschnitte 2011. (Quelle: Schweizer und Partner)

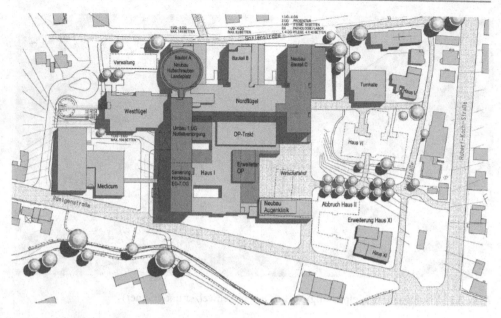

Abb. 3.5 Zielplanung 2014. (Quelle: Schweizer und Partner)

Eingesetzte Methoden

Die bei einer Zielplanung eingesetzten Methoden können nicht isoliert betrachtet werden. Vielmehr definiert sich das Instrument „Zielplanung" aus dem interdisziplinären und interdependenten Einsatz von Methoden aus den Bereichen Markt- und Sozialforschung, Betriebswirtschaft und Architektur. Beispielhaft sollen genannt werden:

- Marktanalyse unter Einbeziehung demografischer Daten,
- Betriebswirtschaftliche Kalkulation,
- Planung und Visualisierung von Funktionsgebäuden.

Lessons learned

- Für jede einzelne Baumaßnahme ist eine detaillierte Kosten/Nutzen-Prognose erforderlich.
- Jede Krankenhausbaumaßnahme muss sich, soweit sie frei finanziert wird, durch künftige Ertragssteigerungen refinanzieren können.
- Die Notwendigkeit einer strategischen Zielplanung hat sich in den vergangenen Jahren vergrößert.

Die Architektengruppe Schweitzer und Partner war an dem interdisziplinären Forschungsprojekt „Praxis: Krankenhausbau" der TU Braunschweig unter der Leitung von Prof. Carsten Roth beteiligt. Eine wesentliche Erkenntnis aus der Forschungsarbeit ist die Notwendigkeit, die Planungsteams im Krankenhausbau sinnvoll und interdisziplinär zusammenzustellen. Das Profil eines erfolgreichen Krankenhausplaners setzt sich demzufolge aus Fach-, Methoden- und Sozialkompetenz zusammen.

3.2 Kinderklinik Universität München

Planungsobjekt

Unternehmensname:	Klinikum der Universität München
Träger:	Freistaat Bayern
Mitarbeiteranzahl:	9000
Funktionsumfang:	Maximalversorger
Projektleiter:	Frau Dr. Schwarzer
Projektlaufzeit:	2007–2015
Projektvolumen:	160 Mio. €

Planungsbüro

Unternehmensname:	UNITY AG
Mitarbeiteranzahl:	200
Leistungsspektrum:	BO-Planung & Simulation, Prozessoptimierung, Strategie, IT-Management
Ansprechpartner:	Meik Eusterholz
Projektteam:	Personen aus den folgenden Fachdisziplinen: Projektleiter, Prozessberater, Simulations- und Datenexperten, Layoutexperten, medizinisches Fachpersonal

Ausgangslage und Problemstellung

Die Kinderklinik der Universität München stößt in den bestehenden baulichen Strukturen an die technischen, organisatorischen und personellen Grenzen. Das Klinikgebäude kann den Anforderungen an ein modernes Krankenhaus nicht mehr gerecht werden. Etwa 80 Prozent der Gebäude sind mehr als 40 Jahre alt und bedürfen einer umfassenden Sanierung. Der Erhalt des Klinikbetriebs wird aufgrund der baulichen Infrastruktur in absehbarer Zeit nicht mehr möglich sein.

Deshalb wurde im Jahr 2008 in Zusammenarbeit mit einem externen Partner ein Raum- und Funktionsprogramm entworfen, welches den Anforderungen eines modernen und wandlungsfähigen Klinikums entsprechen soll. Zu diesen Anforderungen zählen unter anderem die Umsetzung einer Zusammenarbeit in interdisziplinären Teams, die Realisierung kurzer Wege und die Integration von Familienangehörigen in den Behandlungs- und Genesungsprozess der Patienten. Im Jahr 2014 wurde in enger Kooperation mit der UNITY AG eine Detaillierung der Planung auf Basis des bestehenden Raum- und Funktionsprogramms vorgenommen.

Zielsetzung

Ziel des Neubauprojekts ist, die Leistungsfähigkeit der Gebäude bei einer gleichbleibenden Gesamtfläche zu erhöhen. Daraus leiten sich weitere Ziele für die operative Umsetzung ab, wie beispielsweise die Entwicklung von effizienten medizinischen Prozess- und Organisationsabläufen in einer zukunftsrobusten Gebäudestruktur. Für die Projektleiter zeichnet sich eine zukunftsrobuste Gebäudestruktur durch ein hohes Maß an Wandlungsfähigkeit, kurze Wege und ein Höchstmaß an Wertschöpfung aus. Die von der Projektleitung definierten Ziele wurden von entsprechenden Arbeitsgruppen, bestehend aus Experten der jeweiligen Fachbereiche, operationalisiert. Die Arbeitsgruppen wurden aus den Experten der jeweiligen Fachbereiche besetzt. Vertreten waren unter anderem das medizinische Personal, die Logistik, der Einkauf, externe Planungsexperten, das Bauamt sowie die Abteilung für Hygiene und Bau- und Versorgungstechnik. Die Ergebnisse der Arbeitsgruppen wurden in die folgende Zielhierarchie überführt und dokumentiert:

- Bestmögliche Patientenversorgung und Therapie,
- Interdisziplinäre Zusammenarbeit,
- Umsetzung kurzer Wege,
- Zentralisierung der Dienstleistungsbereiche,
- Integration von Forschungsfläche.

Vorgehensweise

Das Projekt wurde auf Basis des von der UNITY AG für die Gesundheitsbranche entwickelten 4-Phasenmodells umgesetzt:

Phase 1 Prozesskonzeption In der ersten Phase des Projekt wurden mit Unterstützung der UNITY AG zunächst die Sollprozesse definiert. Im Rahmen von zahlreichen Workshops wurden die Kernprozesse des Krankenhauses aufgenommen, analysiert und ein idealer Sollprozess definiert. Die Analyse basiert auf der Wertstrommethode und der Methode OMEGA (Objektorientierte Methode zur Geschäftsprozessmodellierung und -analyse). Beide Methoden haben ihren Ursprung in der Automobil- und Luftfahrtbranche und wurden durch das Projektteam an die Rahmenbedingungen der Krankenhausplanung angepasst. Im nächsten Schritt wurden die baulichen Rahmenbedingungen festgelegt. Anschließend erfolgte die Analyse und Auswertung der planungsrelevanten Daten. Die Analyse wurde unter Beteiligung der betroffenen Fachabteilung durchgeführt, was eine effiziente Plausibilitätsprüfung ermöglichte. Das Ergebnis ist eine umfassende und belastbare Datenbasis als Eingangsgröße für die nachfolgenden Phasen.

Phase 2 Anforderungsanalyse Beginnend mit der Sankey-Analyse wurden die Kernbereiche des Klinikums angeordnet. Ein Sankey-Diagramm ist eine graphische Darstellung von Mengenflüssen. Anders als beim Flussdiagramm werden die Mengen durch mengenproportional breite Pfeile dargestellt. Das Sankey-Diagramm ist ein Werkzeug zur Visualisierung von Energie- und Materialflüssen. Im nächsten Schritt wurden die notwendigen

Flächenbedarfe identifiziert, um die Dimensionierung der Fachbereiche vorzunehmen. Dann erfolgte die Aufnahme aller projektrelevanten fachspezifischen Anforderungen. Die Informationen wurden in Workshops zusammengetragen, durch das Projektteam geprüft und in einen Anforderungskatalog überführt.

Phase 3 Simulation Den Kern des Projektes bildet die dritte Phase Simulation. Zur Durchführung der Simulation wurden zunächst die Simulationsparameter definiert. Darauf aufbauend konnte ein auf die spezifischen Anforderungen des Klinikums ausgerichtetes Simulationsmodell entworfen und umgesetzt werden. Die Simulation wurde für die Bereiche Notaufnahme, Elektivambulanz, OP, Entbindung sowie den Pflegebereich durchgeführt. Durch die Simulation konnten unterschiedliche Szenarien und Varianten hinsichtlich der Fallzahlen geprüft werden. Ebenfalls ermöglichte es die Simulation, die Prozesse, Ressourcen sowie mögliche Störungen im virtuellen Umfeld auf deren Robustheit zu prüfen. Aus den Simulationsergebnissen werden in der vierten Phase des Projekts Handlungsempfehlungen abgeleitet.

Phase 4 Handlungsempfehlungen In der vierten Phase wurden konkrete Handlungsempfehlungen für die Umsetzung des Projekts abgeleitet. Dazu gehörten Empfehlungen für die Anordnung der Funktionsbereiche und deren optimalen Betrieb auf Basis stabiler und effizienter Prozesse. Des Weiteren wurde das bestehende Raum- und Funktionsprogramm anhand der Erkenntnisse aus der Simulation umfassend überarbeitet. Der Fokus lag hierbei auf einer prozessorientierten Ausrichtung. Alle Erkenntnisse wurden schließlich dokumentiert, sodass ein objektiver und abgesicherter Architekturwettbewerb gewährleistet wurde.

Eingesetzte Methoden
Im Rahmen des Projektes wurden die folgenden Methoden eingesetzt:

- Ablaufsimulation,
- Wertstrommethode,
- Sankey-Analyse (siehe Abb. 3.6),
- Funktionsschema (auf unterschiedlichen Ebenen),
- Partizipation.

Ein Großteil der aufgeführten Methoden wurde für den Einsatz in der Klinikplanung adaptiert. Der Ursprung der aufgeführten Methoden liegt in der Luftfahrt- und Automobilbranche.

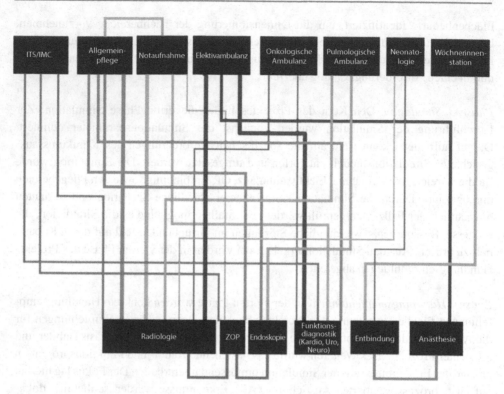

Abb. 3.6 Visualisierung der Flussbeziehungen mittels Sankey-Diagramm. (Quelle: UNITY AG)

Lessons Learned
Die folgenden Chancen wurden im Rahmen der Projektbearbeitung identifiziert:

- Aufbau von Know-how in Zusammenarbeit mit einem externen Partner als Chance für zukünftige Planungen,
- Frühzeitige Prüfung der Datenbasis als Ausgangsbasis der weiteren Planung,
- Integration ausgewählter Nutzer in den Planungs- und Realisierungsprozess,
- Gezielte und effiziente Integration externer Experten.

Neben den aufgeführten Chancen konnten auch Risiken identifiziert werden:

- Unflexible Vertragskonstellationen (Werkvertrag vs. Dienstvertrag) können die Ergebnisqualität negativ beeinflussen.
- Die Auswahl der richtigen Stakeholder zur Analyse der Prozesse ist essentiell, um die notwendige Ergebnisqualität zu gewährleisten.
- Eine unzureichende Prüfung der Datenqualität hinsichtlich Plausibilität zu Beginn des Projektes kann zu schwerwiegenden Fehleinschätzungen führen.

3.3   Klinikum Region Hannover

Planungsobjekt

Unternehmensname:	Klinikum Region Hannover GmbH
Träger:	Region Hannover
Mitarbeiteranzahl:	Unternehmen 6500, im Neubau ca. 1000
Funktionsumfang:	Schwerpunktversorger – 11 Fachabteilungen mit internistischem Schwerpunkt
Projektleiter:	Dr. Hermann Stockhorst, Projektbüro Krankenhausneubau
Projektlaufzeit:	Planungsbeginn 2007, Baubeginn 2010, Inbetriebnahme 09/2014
Projektvolumen:	200 Mio. €

Planungsbüro

Unternehmensname:	UNITY AG
Mitarbeiteranzahl:	200
Leistungsspektrum:	BO-Planung & Simulation, Prozessoptimierung, Strategie, IT-Management
Ansprechpartner:	Meik Eusterholz

Ausgangslage und Problemstellung

Das Klinikum Region Hannover (KRH) plant im Rahmen einer Zentralisierung die Errichtung eines neuen Krankenhauses, welches zwei bestehende Häuser (Klinikum Siloah und Oststadt-Heidehaus) ersetzen wird. Diese Entscheidung wurde auf Basis einer Analyse beider Standorte getroffen. Die Analyse ergab, dass eine Sanierung der beiden Häuser wirtschaftlich nicht zu realisieren ist. Ebenfalls wurde durch die Analyse deutlich, dass ein Zusammenschluss sowohl aus wirtschaftlichen als auch medizinischen Gesichtspunkten sinnvoll ist und die Inhalte der Unternehmensstrategie vollends widerspiegelt. Die Unternehmensstrategie sieht eine Zentralisierung der Bereiche mit den notwendigen Fachabteilungen sowie die Realisierung von kurzen Wegen für Mitarbeiter und Patienten vor. Durch den Zusammenschluss können Ressourcen gebündelt und Synergien zwischen den Fachbereichen und Kliniken gehoben werden.

Zielsetzung

Ziel war, das Behandlungsspektrum des Klinikums Region Hannover zu erweitern sowie die Behandlungs- und Aufenthaltsqualität zu optimieren. Im Rahmen der Projektbearbeitung war es Ziel der UNITY AG, die Sollprozesse der beiden Krankenhäuser zu simulieren, um die Betriebsorganisation und Änderungen in den Abläufen bewerten und validieren zu können. Ressourcen und räumliche Anordnungen sollten digital abgesichert

werden. Mit dem Aufnahme- und Untersuchungszentrum und der Patientenaustauschzone wurden im Neubau zwei Bereiche realisiert, für die es bislang keine Erfahrungswerte
gab. Beide sind in ihrer Form und Funktionalität in keinem der bestehenden Krankenhäuser des Klinikum Region Hannover umgesetzt und stellen völlig neue Strukturen und
Prozessabläufe dar.

Vorgehensweise

Das bestehende Betriebs- und Organisationskonzept wurde analysiert, bewertet und in
einen verfeinerten Sollprozess überführt. Der resultierende Sollprozess wurde in enger
Kooperation mit den Mitarbeitern beider Standorte durchgeführt. Durch diese Form der
Partizipation war es der UNITY AG möglich, das implizite Wissen der Mitarbeiter in die
Planung einfließen zu lassen und einen funktionalen sowie mitarbeiterorientierten Prozess zu entwickeln. Aufbauend auf der Prozessanalyse wurden die Plan- und Zieldaten
des Krankenhauses in enger Absprache mit der Unternehmensleitung und den Fachabteilungen definiert. Nachdem die Rahmenbedingungen für die Simulation festgelegt wurden, erfolgte die Spezifikation und Evaluation des Simulationsmodells (Abb. 3.8). Hierzu
wurden zunächst die Simulationsparameter bestimmt, um im Anschluss die Simulation
durchzuführen. Dabei wurden alle planungsrelevanten Bereiche des neuen Standortes vir-
tuell erprobt. In besonderem Maße wurden das Aufnahme- und Untersuchungszentrum
sowie die Patientenaustauschzone des ZOPs analysiert, da es für diese Bereiche bislang
keine Erfahrungswerte seitens des Klinikums Region Hannover gab. Durch die Simulation konnten die Prozesse, Ressourcen, Fallzahlen sowie mögliche Störungen im virtuellen
Umfeld unter der Prämisse der kurzen Wege für Patienten und Mitarbeiter geprüft werden. Die Ergebnisse der Simulation dienten als Eingangsgrößen für die Neuausrichtung
des Betriebs- und Organisationskonzepts des Aufnahme- und Untersuchungszentrums, der
zentralen Notaufnahme (NFA) sowie des ZOPs.

Eingesetzte Methoden

Die Simulation (Abb. 3.7) ist eine Vorgehensweise zur Analyse von komplexen Sys-
temen, wie beispielsweise das Krankenhaus. Sie kommt zum Einsatz, wenn die Möglichkeiten anderer Methoden an ihre Grenzen stoßen oder eine Auswertung von einer
großen Zahl von Varianten abhängt. Bei der Simulation werden Experimente an einem
Modell durchgeführt, um Erkenntnisse über das reale System zu gewinnen. Im konkreten
Fall wurden die unterschiedlichen Systemzustände (z. B. Fallzahlsteigerung oder Schichtmodelle), die durch eine Zusammenführung der Standorte ausgelöst werden, untersucht.
Im Rahmen des Projekts wurden am Aufnahmeuntersuchungszentrum, der NFA und des
ZOPs folgende Aspekte untersucht und auf das Raum und Funktionsprogramm übertra-
gen:

- Raum- und Personalkapazität,
- Auslegung des Wartebereichs,
- Flexibilität der Öffnungszeiten und Raumauslastungen,

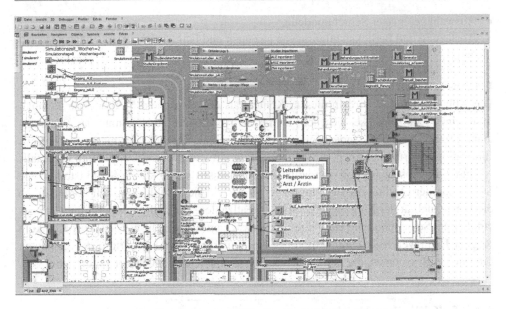

Abb. 3.7 Aufbau der Ablaufsimulation des KRH. (Quelle: UNITY AG)

Abb. 3.8 Virtual wird real – Fotos aufgenommen am 20. November 2014, Klinikum Region Hannover in Siloah. (Quelle: UNITY AG)

- Auswahl geeigneter Schichtmodelle,
- Auslegung und Berücksichtigung von gezielten und langfristigen Kapazitätsanpassungen.

Lessons Learned

Die Ablaufsimulation wird in diesem Kontext als eine geeignete Methode zur Feinplanung eines Krankenhauses gesehen. Durch die Ablaufsimulation konnte das Planungsteam gezielt Störungen, Änderungen im medizinischen Angebot oder medizintechnische Innovationen berücksichtigen, einsteuern und im virtuellen Umfeld evaluieren. Ebenfalls ist durch die Auslegung von standardisierten Prozessen sowie klaren Schnittstellen eine Steigerung der Qualität im Gesamtprozess zu verzeichnen. Schlussendlich konnte durch die hohe Qualität der Eingangsgrößen (z. B. Fallzahlen, Behandlungsspektrum, Prozesslandkarten, Schichtmodelle etc.) eine Effizienzsteigerung erreicht werden. Das Klinikum Region Hannover erhielt mit Abschluss des Projekts eine Absicherung der geplanten räumlichen Ressourcen, die zur Erreichung der Zielpatientenzahlen notwendig sind.

3.4   SLK-Kliniken Heilbronn

Planungsobjekt

Unternehmensname: SLK-Kliniken Heilbronn GmbH
Träger: Landkreis Heilbronn
Mitarbeiteranzahl: 4000
Funktionsumfang: Maximalversorger
Projektleiter/In: Frau Pfefferle
Projektlaufzeit: 2007–heute
Projektvolumen: 350 Mio. €

Planungsbüro

Unternehmensname: UNITY AG
Mitarbeiteranzahl: 200
Leistungsspektrum: BO-Planung & Simulation,
Prozessoptimierung, Strategie, IT-Management
Ansprechpartner: Meik Eusterholz
Projektteam: Personen aus den folgenden Fachdisziplinen: Projektleiter, Prozessberater, Simulations- und Datenexperten, Layoutexperten, medizinisches Fachpersonal

Ausgangslage und Problemstellung

Die SLK-Kliniken Heilbronn GmbH ist mit 4000 Mitarbeitern einer der größten Gesundheitsdienstleister in der Region. Die SLK Kliniken betreiben fünf Akutkliniken. Das

Klinikum am Gesundbrunnen (Heilbronn), das Klinikum am Plattenwall (Bad Friedrichs-
hall), das Krankenhaus und die geriatrische Rehabilitationsklinik Brackenheim sowie das
Krankenhaus Möckmühl und die Klinik Löwenstein. Im Jahr 2009 wurde eine Untersuchung der Kliniken durch einen externen Partner durchgeführt, welche in ein strategisches Unternehmenskonzept der SLK Kliniken Heilbronn GmbH mündete. Im Rahmen
einer Analyse der Baustrukturen, Prozesse, der Hygienesituation und steigender Fallzahl-
prognosen wurde ein umfassender Sanierungsbedarf der Standorte Gesundbrunnen und
Plattenwall identifiziert. Insbesondere die dezentrale OP-Struktur verhindert auf lange
Sicht einen effizienten Personaleinsatz sowie die Nutzung von Synergien während der
Behandlung der Patienten. Ebenfalls wurde deutlich, dass eine energetische Sanierung unumgänglich ist, da die Versorgung der Krankenhäuser einen überdurchschnittlich hohen
Anteil an den Gesamtbetriebskosten einnimmt. Auch die für das Jahr 2020 prognostizier-
ten Fallzahlen und die Verschiebung der Behandlungsmuster erfordern eine strukturelle
und organisatorische Anpassung. Die Erkenntnisse führten zur der Entscheidung Neubauprojekte für die Standorte Gesundbrunnen und Plattenwall zu initiieren, da eine Sanierung
unter wirtschaftlichen Gesichtspunkten nicht sinnvoll erschien. Das Gesamtprojektvolu-
men beläuft sich auf 350 Millionen Euro.

Zielsetzung
Das Ziel der Bauvorhaben ist, eine effiziente und zukunftsrobuste Patientenversorgung
an den Standorten in Gesundbrunnen sowie Plattenwall zu realisieren (Abb. 3.10). Die
Zielsetzung wurde durch die Geschäftsleitung und die Gesellschafter definiert. Unterstützt wurden die Gesellschafter bei der Zieldefinition durch externe Beratungsfirmen und
Architekten. Die so identifizierten Ziele wurden in ein Raum- und Funktionsprogramm
überführt und dokumentiert. Das Raum- und Funktionsprogramm diente zum einen der
Bewilligung von Fördergeldern des Landes Baden-Württemberg. Zum anderen konnte ein
erster Kostenrahmen für die Realisierung der Bauvorhaben geschaffen werden.

Vorgehensweise
Das Projektteam der SLK Kliniken Heilbronn GmbH wurde mit der Neuprojektierung
beider Häuser vor große Herausforderungen gestellt. Um einen strukturierten und erfolgreichen Ablauf des Projekts zu gewährleisten, wurde in Zusammenarbeit mit externen Partnern eine systematische Vorgehensweise zur Projektrealisierung entwickelt. Diese
konnte durch die umfangreichen Erfahrungen und Kompetenzen der UNITY AG weiter
detailliert und strukturiert werden. Ausgehend vom Raum- und Funktionsprogramm aus
dem Jahr 2009 wurde in Kooperation mit der UNITY AG ein Teilprojekt initiiert. Das
Teilprojekt wurde in den folgenden vier Phasen erfolgreich umgesetzt:

Phase 1 Prozesskonzeption In der ersten Phase des Projekts wurden mit Unterstützung
der UNITY AG die vorhandenen Prozesse analysiert und in Soll-Prozesse überführt. Im
nächsten Schritt wurden die bereits bestehenden baulichen Rahmenbedingungen analysiert. Die Planung durch das interne Planungsteam war in diesem Bereich bereits sehr

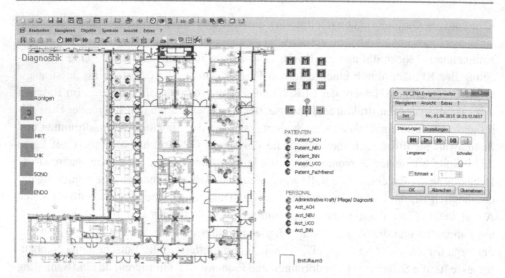

Abb. 3.9 Ablaufsimulation der zentralen Notfallambulanz

Abb. 3.10 Neubau SLK Kliniken Heilbronn GmbH Plattenwall

weit fortgeschritten. Anschließend erfolgte die Analyse und Auswertung der bestehenden Datenstruktur. Die Analyse wurde unter Beteiligung der betroffenen Fachabteilung und unter Leitung von Frau Pfefferle durchgeführt. Durch diese Form der Partizipation konnte eine effiziente Plausibilitätsprüfung vorgenommen werden. Identifizierte Inkonsistenzen der Datenbasis wurden angepasst.

Phase 2 Anforderungsanalyse Beginnend mit der Sankey-Analyse wurden die bestehenden Layoutvarianten geprüft. Ein Sankey-Diagramm ist eine graphische Darstellung von

Mengenflüssen. Anders als beim Flussdiagramm werden die Mengen durch mengenproportional breite Pfeile dargestellt. Im nächsten Schritt wurden die im Rahmen der Planung bereits dimensionierten Flächen geprüft und wenn notwendig angepasst. Die Daten wurden in zahlreichen Workshops erhoben und durch die UNITY AG geprüft und in einen Anforderungskatalog überführt. Eine besondere Herausforderung bestand in der weit fortgeschrittenen internen Planung. Auf dieser Planungsbasis musste aufgesetzt werden, um im Rahmen der zeitlichen Vorgaben das bestmögliche Ergebnis zu erzielen.

Phase 3 Simulation (Abb. 3.9) Den Kern des Projektes bildet die dritte Phase Simulation. Zur Durchführung der Simulation wurden zunächst die Simulationsparameter definiert. Darauf aufbauend konnte ein auf die spezifischen Anforderungen des Klinikums ausgerichtetes Simulationsmodell entworfen und umgesetzt werden. Die Simulation wurde für die Bereiche Elektivambulanz, zentrale Notaufnahme, Diagnostik und Zentral-OP durchgeführt. Durch die Simulation konnten unterschiedliche Szenarien und Varianten hinsichtlich der Fallzahlen sowie die Prozesse, Ressourcen und mögliche Störungen (Verspätungen, Krankheitsausfälle, saisonale Schwankungen, Geräteausfall etc.) im virtuellen Umfeld auf ihre Robustheit geprüft werden. Das Ergebnis der Simulation bildet die Ausgansbasis für die Ableitung von Handlungsempfehlung in der vierten Phase des Projekts.

Phase 4 Handlungsempfehlungen In der vierten Phase wurden konkrete Handlungsempfehlung für die Umsetzung des Projekts abgeleitet. Dazu gehören Empfehlungen für die Anordnung der Funktionsbereiche und deren optimalen Betrieb auf Basis wertschöpfender Prozesse. Die durch die UNITY AG entwickelten Maßnahmen und Empfehlungen berücksichtigten in diesem Fall die bereits vorhandenen Planungs- und Realisierungsstände.

Die enge Kooperation mit dem Klinikpersonal sowie den beteiligten externen Fachexperten führten zu Ergebnissen, die sich in direkter Art und Weise in die bestehenden Planungsstand implementieren ließen. Das Gesamtergebnis der Neubauprojekte konnte so hinsichtlich Prozessorientierung, Flächeneffizienz und Versorgungsqualität gesteigert werden.

Eingesetzte Methoden
Im Rahmen des Projekts wurden die folgenden Methoden als besonders zielführend identifiziert:

- Ablaufsimulation: Simulation von Zentral-OP, Elektivambulanz, zentraler Notaufnahme und Diagnostik.
- Sankey-Analyse: Aufnahme, Analyse und Darstellung von Patienten-, Mitarbeiter- und Materialströmen.
- Partizipation: Aufbau von Arbeitsgruppen mit den Mitarbeitern der Kliniken zur Datengewinnung und Problemlösung.

Lessons Learned

Das Potenzial, die Planung und Realisierung des Projekts ausgehend von den wertschöpfenden Prozessen zu gestalten, wurde bei der Projektrealisierung erkannt. Die Projektbeteiligten betonten, dass eine frühere Berücksichtigung der Prozesse unter Einbindung einer Simulation empfehlenswert gewesen wäre. Es wurde ebenfalls betont, dass die Ausrichtung des Neubaus an den Prozessen unabdingbar für den effizienten Betrieb und Ausbau einer Klinik ist. Außerdem konnte die Mitarbeiterbeteiligung als Erfolgskriterium bei der Umsetzung der Planungsergebnisse identifiziert werden.

3.5 Katholischer Hospitalverbund Hellweg gGmbH

Planungsobjekt

Unternehmensname: Katholischer Hospitalverbund Hellweg gGmbH
Träger: Katholische Kirchengemeinden
                   Stiftungen
                   Bistum Paderborn
Mitarbeiteranzahl: 2300
Funktionsumfang: 3 Krankenhäuser der Grund- und Regelversorgung
                    Schwerpunktversorgung: Onkologie, Kardiologie, Gastroenterologie
Projektleiter/In: Herr Dipl.-Ing. Timo Saß, Architekt
                     Herr Dipl.-Ing. René Hagenkötter, Architekt
Projektlaufzeit: 2011–2014
Projektvolumen: 35 Mio. €

Planungsbüro

Unternehmensname: Planungsabteilung der Technische Abteilung des Katharinen- Hospital Unna gGmbH
Mitarbeiteranzahl: 5 Mitarbeiter
Leistungsspektrum: Planung und Durchführung von Bauleistungen in allen Phasen der HOAI
Ansprechpartner: Herr Dipl.-Ing. Timo Saß, Architekt
Projektteam: Technische Abteilung, Hygienebeauftragte, Ärzte, Pflege, Geschäftsführung

Ausgangslage

Der Katholische Hospitalverbund besteht aus drei Krankenhäusern, zwei Wohn- und Pflegeheimen sowie drei Ärztehäusern. Die Servicegesellschaft Mariengarten für Logistik und zentrale Dienste ergänzen den Katholischen Hospitalverbund zu einem ganzheitlichen Gesundheitsdienstleister. Besonders die drei Krankenhäuser Katharinen-Hospital Unna mit 340 Betten, das Marienkrankenhaus Soest mit 238 Betten und das Mariannen-Hospital Werl mit 138 Betten unterliegen laufend geplanten und ungeplanten Bau- und Sanierungsmaßnahmen. Diese Maßnahmen sichern den Anspruch ein modernes und zukunftsfähiges Krankenhaus zu betreiben.

Basierend auf einer umfassend aufgestellten strategischen Masterplanung wurde das Katharinen-Hospital Unna zwischen 2011 und 2014 umgebaut und erweitert. Die Maßnahmen umfassten sowohl Ergänzungen des pflegerischen Bereiches, als auch umfangreiche strukturelle Veränderungen im Bestand der ärztlichen Funktionsabteilungen und Diagnostik. Die baulichen Maßnahmen am Standort wurden im laufenden Betrieb durchgeführt. Neben solchen geplanten Baumaßnahmen ergibt sich im laufenden Betrieb fortlaufend die Notwendigkeit der Durchführung von ungeplanten Bauarbeiten. Diese sind beispielsweise bedingt durch notfallmäßige Reparaturen und Instandhaltungsmaßnahmen nach Havarien.

Die Durchführung dieser Baumaßnahmen im laufenden Krankenhausbetrieb birgt ein hohes hygienisches Risiko für Patienten. Etwaige Verunreinigungen in Form von beispielsweise Staub können langfristig Einfluss auf die Genesung der Patienten nehmen. Diesem Umstand geschuldet müssen vor und während der Bauarbeiten Maßnahmen ergriffen werden, um die Patienten unter allen Gesichtspunkten der Hygiene zu schützen.

Anfängliche Problemstellung

Ein Problem stellte anfangs die Sensibilisierung der Projektbeteiligten dar. So musste sowohl auf Seiten der Bauplaner als auch auf Seiten der ausführenden Firmen ein Verständnis für die Notwendigkeit der Umsetzung von hygienischen Maßnahmen und der damit verbundenen zeitlichen und wirtschaftlichen Folgen und Zusammenhänge geschaffen werden. Andererseits bedurfte es einer Schulung und Sensibilisierung der Hygieneverantwortlichen für bauliche Strukturen und Zwänge im Bauablauf.

Zielsetzung

Ziel ist es den Aspekt der Hygiene in den Planungs- und Realisierungsprozess von Bauprojekten zu implementieren und eine standardisierte Vorgehensweise unter berücksichtig der Hygienevorgaben zu entwickeln. Die Integration verfolgt das Ziel hygienische Aspekte in allen notwendigen Phasen des Planungsprozesses zu berücksichtigen und damit das Risiko für die Patienten zu minimieren und haftungsrechtlichen Thematiken auf Seiten des Betreibers auszuschließen.

Vorgehensweise

Das Projektteam, unter der Leitung von Herrn Saß und Herrn Hagenkötter, analysierte zunächst die geplante Baumaßnahme in Hinblick auf Prozesse, zeitliche Bauabschnitte und auszuführende Arbeiten, welche aus hygienischen Gesichtspunkten ein Gefahrenpotenzial bergen konnten. Die Analyse erfolgte in enger Kooperation mit hauseigenen Hygienefachkräften und unter Beteiligung von externen Sachverständigen.

Es entstand ein auf das Bauprojekt eigens zugeschnittenes Hygienekonzept in dem Aspekte wie die Planung der Baustelleneinrichtung, Ver- und Entsorgungswege zur Baustelle und Abgrenzungen zum laufenden Krankenhausbetrieb in Form von Lärm- und Staubschutzwänden dargestellt wurde. Auch die Sicherung und Unterhaltung der Baustelleneinrichtung während der Bauzeit wurde dokumentiert. Erhöhte Reinigungsintervalle wurden festgelegt, eine Verschleppung von Baustaub über die Raumlufttechnik musste sicher ausgeschlossen werden.

Im zweiten Schritt wurden die aus der Analyse gewonnenen Erkenntnisse in Maßnahmen formuliert, der Hygienekommission vorgestellt und durch diese genehmigt.

Im Sinne eines kontinuierlichen Verbesserungsprozesses wurden die im Rahmen des Projekts gewonnen Erkenntnisse im nächsten Schritt in die Planung zukünftiger Baumaßnahmen integriert. Hierzu wurden zum einen die Kosten und Investitionsaufwände, welche die Berücksichtigung der Hygiene nach sich ziehen in der Investitionsplanung berücksichtigt. Dies führt zu einer abgesicherten Kostenplanung und verhindert negative Kostenentwicklungen in der Realisierung von Bauprojekten. Zum anderen wurden die Maßnahmen, die die Einhaltung der Hygienestandards gewährleisten, ebenfalls in die Terminplanung implementiert. Zu diesen Maßnahmen zählen unter anderem

- Aufklärung und Information von Patienten und Mitarbeitern,
- sowie die Schulung und Sensibilisierung von Mitarbeitern aller Fachbereiche.
- Klare Regelung von Zuständigkeiten,
- Planung Baustellenzugang, Ver- und Entsorgungswege,
- Planung von räumlichen Abtrennungen der Baustellenbereiche,
- Planung der Abtrennung von Raumlufttechnik,
- Planung erhöhter Reinigungsintervalle,
- Unterhaltung und Überwachung von Hygienemaßnahmen.

Neben der Integration in die geplanten Maßnahmen, wurde das Themenfeld Hygiene auch in die ungeplanten Maßnahmen, wie sie beispielsweise bei der Bauinstandhaltung auftreten können, berücksichtigt. In diesem Rahmen entwickelte das Team um Herrn Saß und Herrn Hagenkötter eine Checkliste, welche durch den ausführenden hauseigenen Mitarbeiter vor Beginn der Maßnahme auszufüllen ist. Diese Checkliste beinhaltet eine Einschätzung der Situation aus hygienischer Sicht. Hierbei wird insbesondere das mögliche Risiko für die Patienten unter Einbeziehung der Hygienefachkräfte abgeschätzt.

Zusammenfassen kann festgehalten werden, dass die ganzheitliche Berücksichtigung der Hygiene im Rahmen einer standardisierten Vorgehensweise das Risiko für die Patienten langfristig minimiert hat.

Eingesetzte Methoden

Im Rahmen der Analyse und Implementierung der hygienischen Aspekte in den Planungs- und Umsetzungsprozess wurde die Methode der Partizipation umfassend eingesetzt (Abb. 3.11). Hierdurch konnte zum einen das Erfahrungswissen des Planungsteams

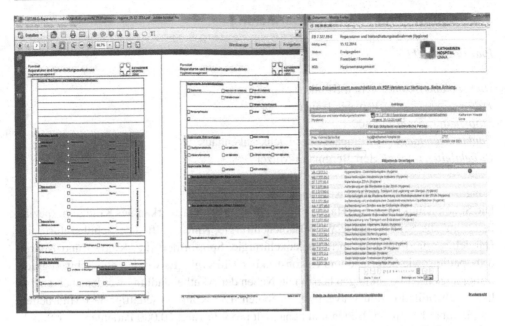

Abb. 3.11 Formblatt für Reparaturen und Instandhaltungsmaßnahmen als gelenktes Dokument des Qualitätsmanagements

zugänglich gemacht werden. Zum anderen bietet diese Methode die Möglichkeit alle Fachbereiche, die Bauausführenden sowie die Geschäftsleitung für das Thema Hygiene im Bau zu sensibilisieren.

Lessons learned

Die frühzeitige Berücksichtigung aller Aspekte der Hygiene im Planungs- und Realisierungsprozess von Krankenhäusern ist zwingend notwendig, um einen nachhaltigen Schutz der Patienten zu gewährleisten. Die Integration muss frühzeitig erfolgen, da die Erweiterung der Planung um den Bereich Hygiene hohen Einfluss auf die Projektlaufzeit sowie auf die Investitionssumme hat. Neben der strukturellen Integration in den Planungsprozess, sollte eine umfassende Integration aller Beteiligten stattfinden.

3.6 Schön Klinik München Harlaching

Planungsobjekt

Unternehmensname: Schön Klinik
Träger: Privater Träger
Mitarbeiteranzahl: 8800
Funktionsumfang: Orthopädisches Fachkrankenhaus
Projektleiter/In: Herr Bergmann-Mitzel

Ausgangslage und Problemstellung

Die Schön Klinik München Harlaching ist ein international anerkanntes Klinikum, spezialisiert auf die Schwerpunkte Wirbelsäulenchirurgie, Knie-, Hüft- und Schulterchirurgie, Handchirurgie, Fuß- und Sprunggelenkchirurgie, Sportorthopädie, Kinder- und Neuroorthopädie sowie Septische und Rekonstruktive Chirurgie. Es werden alle Schweregrade orthopädischer Erkrankungen behandelt. Neben der Akutbehandlung werden auch ambulante Rehabilitation und Prävention angeboten. Die Klinik beschäftigt 580 Mitarbeiter, verfügt über knapp 200 Betten und behandelt pro Jahr rund 10.000 Patienten. Der Standort Harlaching ist durch eine lange Geschichte geprägt. Die Klinikgebäude sind in Teilen mehr als 100 Jahre alt und wurden kontinuierlich an die Gegebenheiten einer modernen Gesundheitsversorgung angepasst. Unter der Leitung der Schön Klinik ab Jahr 1996 folgt diese Entwicklung einer zielgerichteten Struktur. Diese Struktur basiert auf einem ganzheitlichen Wachstumskonzept mit festen Zielwerten. Im Rahmen dieser Zielwerte wurde ein umfassender Wachstumsbedarf im Bereich der OPs identifiziert, da der zentrale OP-Bereich des Klinikums mit den dazugehörigen Funktionsstellen heutige und zukünftige Anforderungen nicht mehr erfüllt. Im Rahmen einer Analyse wurden die folgenden Potenziale am Standort Harlaching identifiziert:

- Erweiterung der zentralen OP Bereiche,
- Erweiterung der technischen Zentralen,
- Erweiterung der OP-Infrastruktur (Aufenthaltsraums, Lager, Ver- und Entsorgung),
- Verlagerung und Erweiterung der IMC- und ICW-Station,
- Erweiterung Arztzimmer (kein Patientenkontakt) und Verwaltungsarbeitsplätze,
- Ausweitung Ambulanz Räume (Orthopädie und Anästhesie),
- Analyse des Raumbedarfs für Supporteinheiten wie Röntgen, Praxis Stäbler und Labor.

Zielsetzung

Die Zielsetzung im Rahmen des Projekts hat ihren Ursprung in einem mittelfristigen Wachstumsplan der Schön Klinik. Dieser Wachstumsplan wird von der Zentrale in Prien gesteuert und bildet die Leitplanken für eine auf den Standort ausgerichtete Zielstruktur. Die Zielstruktur verfolgt neben den wirtschaftlichen Wachstumszielen, die kontinuierliche Verbesserung des medizinischen Angebots, die Erhöhung der Mitarbeiterzufriedenheit sowie der Gesamtqualität aller am Standort angeboten Leistungen. Im Rahmen dieser Zielstruktur wurde der Erweiterungsbau am Standort Harlaching initiiert.

Vorgehensweise

Das Projektteam unter der Leitung von Herrn Bergmann-Mitzel folgt im Rahmen der Projektierung einer standardisierten und kontinuierlich weiterentwickelten Vorgehensweise. Die Vorgehensweise basiert auf standardisierten Modulen, Prozessbausteinen sowie Methoden und Werkzeugen. Dieser Standard wird als Ausgangsbasis jedes Bauprojekts herangezogen und im Rahmen der Vorplanung an die individuellen Rahmenbedingungen der Standorte angepasst.

Beginnend mit der IST Analyse des Standortes wurden die planungsrelevanten Prozesse, die Personalstruktur, die Qualifikationsprofile sowie die Baustruktur analysiert. Auf Basis der IST-Analyse wurde in enger Kooperation mit den Mitarbeitern des Standortes und externen Experten ein SOLL Konzept entwickelt. Das SOLL Konzept basiert auf den Vorgaben der Zentrale, dem am Standort identifizierten Bedarf sowie einem umfassenden Benchmark mit andern Häusern. Eine Besonderheit bei der Entwicklung stellt die konsequente Ausrichtung an den wertschöpfenden Prozessen der medizinischen Behandlung dar. Hierzu wurden Methoden aus dem Lean Management auf die Anwendung im Krankenhaus übertragen. Das SOLL Konzept des zentralen OP Bereichs folgt dabei der Umsetzung des Fließprinzip und ist in Anlehnung an die industrielle Praxis in einem U-Layout angeordnet. Ebenfalls wurden die Rüstbereiche für den OP zentralisiert. Hierdurch kann zum einen ein effizienter Personaleinsatz erfolgen. Zum andern kann das Wissen an einem Ort konsequent weiterentwickelt werden und die Rüstzeiten, welche zu den nicht wertschöpfenden Tätigkeit zählen, minimiert werden. Im Ergebnis konnte eine OP Struktur realisiert werden, welche konsequent auf die wertschöpfenden Tätigkeiten, das Operieren und die Genesung des Patienten, ausgerichtet ist.

Auf Basis dieser ganzheitlichen Konzeptentwicklung ist es möglich die baulichen Strukturen in der nächsten Phase der Planung am Prozess auszurichten. Das Gebäude kommt so seiner unterstützenden Funktion nach und bietet die optimalen Rahmenbedingungen für die Umsetzung des entwickelten SOLL Prozesse.

Die Planung und Realisierung im Rahmen des Erweiterungsbaus wurden durch ein regelmäßiges Kosten- und Zielcontrolling überwacht und gegeben falls an neue Erkenntnisse angepasst.

Im Rahmen der Planung wurden die folgenden Methoden erfolgreich eingesetzt:

- Benchmark,
- Rüstzeitoptimierung,
- Lean Prinzipien,
- Partizipation.

Die aufgeführten Methoden stellen nur eine Auswahl der wichtigsten im Projekt eingesetzten Methoden und Werkzeuge dar.

Lessons Learned

Im Rahmen des Projekts konnten ein Vielzahl neuer Erkenntnisse gewonnen werden. Dies gilt insbesondere für den erfolgreichen Einsatz der Lean Management Methoden. Im Sinne eines kontinuierlichen Verbesserungsprozesses werden die Erkenntnisse durch die Zentrale geprüft. Wenn die Erkenntnisse den zentralen Zielvorgaben entsprechen und zur Gesamtzielerreichung beitragen, werden diese dem Wissenskreislauf hinzugeführt und als neuer Standard etabliert. Diese Vorgehensweise gewährleistet das neue Planungsprojekte auf Basis des aktuellen Kenntnisstandes initiiert werden. Es folgt ein Kreislauf der Verbesserung und das Gesamtniveau der Schön Kliniken kann so langfristig verbessert werden.

Abbildungen

Zusammenfassung und Ausblick

4

Jan Holzhausen, Philipp Knöfler, Christoph Riechel und
Wolfgang Sunder

Aspekte der Krankenhausplanung

Die in Zukunft relevanten medizinischen Abläufe, Leistungen und Strukturen müssen in der Krankenhausplanung zunächst im Fokus stehen, um diese dann in sinnvolle baulich-funktionelle Projekte und in laufende Prozesse eines Krankenhauses überführen zu können. Weder die dazu erforderlichen Instrumente, noch eine sinnvolle Planungssystematik stehen der Krankenhausplanung zur Verfügung. Diese unvollständige strukturierte und systematische Betrachtung der entscheidenden Einflusskriterien ist häufig Auslöser einer mangelhaften Bewertung der Projektvorgaben. Diese fehlende systematische Analyse in der Krankenhausplanung führt häufig zu Konflikten zwischen den Interessen der Nutzer und der auf Wirtschaftlichkeit ausgerichteten Krankenhausträgerschaft. Die Gefahr von falschen Entscheidungen, Fehlinvestitionen und Unsicherheiten wird durch die gegenwärtig vielfach praktizierte Art der Projektführung unterstützt und überträgt sich auf die Planung.

Die sorgfältige Auseinandersetzung mit den medizinischen Funktionen und den Nutzerinteressen sind die Voraussetzungen, um ein qualitätsvolles, langfristig nutzbares und baulich-funktionell sinnvolles Krankenhaus umzusetzen. Um diese gegenwärtigen Defizite in der Planung zu lösen, muss eine völlig neue Qualität der Krankenhausplanung entwickelt werden, die optimal die Bedürfnisse der Patienten und des Personals bei einem engen finanziellen Rahmen berücksichtigt. Die Krankenhausplanung muss sich vieler ungelöster und undurchsichtiger Herausforderungen stellen. Dies kann Sie nur erreichen, wenn in einer übersichtlichen, verständlicheren und mit hoher Genauigkeit durchgeführten Planung die Bereiche aller an der Planung Beteiligter definiert, abgegrenzt und methodisch beschrieben sind.

Neue Planungssystematik

Im vorliegenden Planungshandbuch werden Strukturen und Methoden aufgezeigt, die als Einflussfaktoren der Planung für zukunftsfähige Krankenhäuser von hoher Bedeutung sind. Ziel ist es, für einen definieren Planungszeitrum Prozessabläufe, (bauliche) Struk-

© Springer Fachmedien Wiesbaden 2015

189

C. Roth et al. (Hrsg.), *Zukunft. Klinik. Bau.*, DOI 10.1007/978-3-658-09988-6_4

turen und Handlungen zu erarbeiten, die in konkrete Vorgaben für die Planung münden.

Anhand der vorgestellten Planungssystematik mit ihren differenzierten Planungsstufen können Betreiber und Planer strukturiert Entscheidungen treffen. Das Ordnen von Planungsstufen, die Beschreibung von Abhängigkeiten zwischen den Fachplanern und Architekten und die verschiedenen Betrachtungstiefen der Betriebsorganisations- und Funktionsplanung führen zu einem verständlichen und nachvollziehbaren Planungsleitfaden. Die Auslastung des Krankenhauses, die Wertschöpfung der Abläufe und die medizinischen Angebote stehen bei den meisten Planungsansätzen zu Beginn im Fokus. Jegliche Planungsinitiierung muss in Beziehung zu den Rahmenbedingungen eines Krankenhauses und Ihren medizinischen Leistungen gestellt werden. Eine sequenzielle Betrachtung von einzelnen Fachplanern ist nicht zielführend.

Das entwickelte Planungssystem ist besonders geeignet, um die komplexen Struktur- und Leistungszusammenhänge von Krankenhäusern zu analysieren, die Investitions- und Folgekosten unterschiedlicher Varianten zu bewerten und schließlich die Auswirkungen auf die baulich-funktionelle Umsetzung zu formulieren.

Praxistauglich und übertragbar

Die in diesem Buch vorgestellte Planungssystematik stellt eine Weiterentwicklung der Erkenntnisse des vorangegangenen Forschungsprojektes dar (BBSR 2014). Die Erkenntnisse des Forschungsprojektes haben überraschende und innovative Ergebnisse generiert, die bereits Einzug in die Planungsaktivitäten der Forschungspartner gehalten haben. Der dringende Bedarf einer strukturierten strategischen Planung, die zeitlich deutlich vor der gängigen Praxis ansetzt, bietet erhebliches Potenzial für die Zukunft. Insbesondere die Grundidee des Forschungsvorhabens, Ergebnisse für eine zukunftsfähige Planung von Krankenhäusern zu liefern, hat sich bestätigt und konnte mit den Forschungspartnern interdisziplinär erarbeitet und definiert werden. In Bezug auf das nachhaltige Planen, Bauen und Nutzen, hat das Forscherteam einen idealen Planungsprozess entwickelt. Dieser strukturiert die Phasen der Bedarfsplanung von der Initialphase bis zur Zielformulierung und bietet sowohl dem Bauherren als auch dem Planer nachhaltig Unterstützung an. Als Qualitätssicherung in diesem Prozess dienen die Planungswerkzeuge, wie die entwickelte Metaplanung (Die sieben Phasen der strategischen Planung), die Projektbeteiligten-Pyramide sowie ein umfangreicher Methodenkatalog.

Der hohe Qualitätsanspruch der deutschen Bauwirtschaft hat in den letzten 10 Jahren durch Kostenexplosion oder Terminverzögerungen verschiedenster Großprojekte, wie dem Flughafen Berlin Brandenburg (BER), der Elbphilharmonie in Hamburg oder dem Stuttgarter Hauptbahnhof (Stuttgart 21) schwer gelitten. Die Betrachtung des Lebenszyklus eines Bauwerks hat den Blick dadurch besonders auf die Phasen der Bedarfsplanung und die Nutzung gelenkt. Das Erarbeiten der Problemstellung der Bauherren und die Formulierung einer eindeutigen Aufgabenstellung mit Leistungsbeschreibungen in Form und Zielen sowie qualitativen und quantitativen Anforderungen sind – über den Krankenhausbau hinaus (Abb. 4.1) – Voraussetzung für die Entwicklung einer baulichen Lösung.

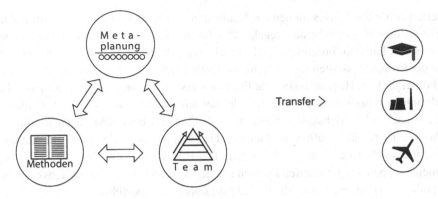

Abb. 4.1 Übertragbarkeit der Systematik auf andere Typologien

Ausblick

In Deutschland und in vielen Ländern Europas befindet sich das Gesundheitssystem im Umbruch. Der Krankenhaus- und Gesundheitsbau bewegt sich in einer Spanne von technischen Funktionsbauten, vieler Bestandseinrichtungen bis zu luxuriösen Spezialkliniken und neuen, modernen Gesundheitszentren. Zwar hat in Deutschland der Staat einen medizinischen Versorgungsauftrag, dennoch müssen auch kommunale Gesundheitseinrichtungen ihre Häuser wirtschaftlich betreiben. Dabei stehen Krankenhäuser öffentlicher, privater und gemeinnütziger Klinikträger als Dienstleister im Wettbewerb zueinander. Unrentable, unausgelastete oder sanierungsbedürftige Häuser, besonders in strukturschwachen Regionen werden in naher Zukunft geschlossen, andere zu größeren, überregionalen Versorgungseinheiten zusammengefasst. Krankenhausimmobilien haben eine Lebensdauer von maximal 40 Jahren (Redecke 2010). Durch den schnellen medizintechnischen Fortschritt, die neue Behandlungsmöglichkeiten und die sich stetig verändernden Anforderungen an Raumprogramm, Komfort und Gestaltung können bestehende Krankenhäuser häufig nicht mehr effizient genutzt werden. Das seit Anfang 2000 in Deutschland bestehende DRG-System und der demographische Wandel stellen große Herausforderungen dar, die die Kosten des Gesundheitssystems weiter ansteigen lassen. Berücksichtig man die lange Planungs- und Vorlaufzeit bei großen Kliniken von bis zu 10 Jahren wird schnell deutlich, dass die Planung nicht für den Bedarf von heute, sondern vorausblickend für einen Zeitraum in 10 bis 40 Jahren konzipiert werden muss.

Eine weitere Triebfeder für Veränderung im Gesundheitssektor ist die Rolle des Staates als öffentlicher Träger von Krankenhäusern. Diese Häuser werden zunehmend von privaten Trägern übernommen, welche zeitgemäße, rentable Pflege- und Therapiekonzepte umsetzen. Der Wandel des klassischen Krankenhaustypus zum modernen Gesundheitsbau mit Hotelcharakter wird dadurch nur beschleunigt.

Bau und Betrieb von Gesundheitsbauten, besonders von Kliniken, unterliegen stark der Finanzierung durch Fördergelder, festgelegt durch das Krankenhausfinanzierungsgesetz. Dieses regelt eine bedarfsorientierte Versorgung der Bevölkerung und gilt auch für private Betreiber. Größere Investitionen bei Neubauten und Sanierungen werden im Rahmen der Einzelförderung entschieden, regelmäßige Instandhaltungen und Anschaffungen werden über eine Pauschalförderung abgedeckt, die sich anhand der Bettenzahl berechnet. Die Höhe der Investitionskosten für Neubauten orientiert sich in der Regel an den zu erwartenden Fördergeldern. Hierdurch sind die Flächen meist stark vorgegeben, jeder zusätzliche Quadratmeter muss von dem Betreiber oder der Kommune selbst finanziert werden. Da die Personal- und Betriebskosten von Krankenhäuser sehr hoch sind, legen Klinikbetreiber Wert auf eine flächeneffiziente Planung. Dadurch ist für Architekten von Anfang an eine sehr disziplinierte Planung erforderlich. Die Herausforderung liegt darin, die engen Rahmenvorgaben aus geförderten Flächen mit den Vorgaben aus dem Betriebskonzept zu kombinieren und in einen individuellen Lösungsansatz zu überführen.

Um diese zukünftigen Herausforderungen im Gesundheitswesen zu meistern, sind die in diesem Handbuch dargestellten Instrumente und Mechanismen einer modernen, zeitgemäßen und innovativen Krankenhausplanung erforderlich. Da die Nachlässigkeiten der Projektbeteiligten in vielen Fällen schon vor Beginn der konkreten Planung auftreten und somit die Grundlage für eine nachhaltige Planung nicht vorliegt, ist eine vertiefte und strukturierte Analyse der Projektvorbereitung und -initiierung unabdingbar. Ihr Einsatz lohnt sich auf jeden Fall: Es werden nicht nur Fehlplanungen vermieden, sondern auch Einsparmöglichkeiten freigesetzt. Dazu gehört auch ein neues Selbstverständnis des Planers und der Projektbeteiligten, das auch bei aufkommenden Problemen das langfristige Ziel im Auge behält. Nur so erhalten die Patienten und Mitarbeiter ihr zukunftsfähiges Krankenhaus.

Abbildungen

Abb. 4.1 Übertragbarkeit der Systematik auf andere Typologien

Literatur

(BBSR 2014) Bundesinstitut für Bau-, Stadt- und Raumforschung (BBSR) im Bundesamt für Bauwesen und Raumordnung (BBR), Forschungsarbeit „Handbuch zur interdisziplinären Planung und Realisierung von zukunftsfähigen Krankenhäusern" (Kennzeichen SWD-10.08.18.7-12.07), Projektlaufzeit 26.05.2012-31.08.2014

(Redecke 2010) Redecke, S.; Gottenhuemer, B.: „Die Siebziger stärken ...". Interview mit Bernd Gottenhuemer. In Bauwelt, 2010; S. 20–23.

Glossar

Akutkrankenhaus Unter Akutkrankenhaus versteht man das klassische Krankenhaus im Sinne einer stationären, akuttherapeutischen Einrichtung. Außerdem schließt der Begriff die Vorhaltung einer Notfallambulanz sowie die prä-, post- und auch teilstationäre Betreuung ein.

Antragsforschung Bei der Antragsforschung können Forschungsthemen aus unterschiedlichsten Bereichen, die von besonderem öffentlichem Interesse sind, von Forschenden bei Forschungsträgern eingereicht werden.

Bedarf Der Bedarf beschreibt die Notwendigkeit von materiellen und immateriellen Ressourcen zur Ermöglichung von Aktivitäten jeglicher Art. Er bildet die Ausgangslage für die Durchführung einer Bedarfsplanung.

Bedarfsplanung Bei der Bedarfsplanung wird die zielgerichtete Zusammenstellung des Bedarfs sowie dessen Überführung in die baulichen Anforderungen beschrieben. Die Bedürfnisse von Bauherrn und Nutzern werden über die Bedarfsplanung methodisch ermittelt.

Betriebskonzept Unter Betriebskonzept werden die übergeordneten Festlegungen verstanden, mit denen die Grundsätze der Organisation und der Betreiberform von Krankenhäusern und Funktionsbereichen bestimmt werden

Betriebsorganisationskonzept (BOK) Das Betriebsorganisationskonzept beschreibt die Zusammenhänge zwischen den Leistungen, den Strukturen, in denen sie erbracht werden, den Prozessen und den Organisationsformen des Krankenhauses.

DIN 13080 In Deutschland regelt die DIN 13080 die Unterteilung des Krankenhauses in Funktionsbereiche und Funktionsstellen.

DIN 18205 Die Bedarfsplanung im Bauwesen wird über die DIN 18025 als Ermittlung der Bedürfnisse von Bauherrn und Nutzer abgebildet. Die Bedarfsaufbereitung und Beschreibung der baulichen Anforderungen werden hier definiert.

Diagnosis Related Groups (DRG) deutsch: diagnosebezogene Fallgruppen. Für das pauschalierte Abrechnungsverfahren entwickelte Klassifikationssystem zur Einordnung ähnlich gelagerter Krankenhausfälle und Diagnosen.

Gesamtlebenszyklus Unter Gesamtlebenszyklus versteht man alle Phasen eines Gebäudes: Von der Bedarfs-, Entwurfs- und Ausführungsplanung, Bau, Betrieb bis zur Sanierung bei Nutzungsänderung bzw. einem notwendigen Abriss.

© Springer Fachmedien Wiesbaden 2015
C. Roth et al. (Hrsg.), *Zukunft. Klinik. Bau.*, DOI 10.1007/978-3-658-09988-6

Honorarordnung für Architekten und Ingenieure (HOAI)   Das Gesamtleistungsbild eines Architekten oder Ingenieurs wird nach der HOAI in Leistungsphasen unterteilt. Die HOAI ordnet den verschiedenen Leistungsphasen einen geschuldeten Arbeitsinhalt und den dazugehörigen Anteil am Gesamthonorar des Projektes zu.

Integrale Planung   Zur Lösung von komplexen Aufgaben werden bei der Intergralen Planung Experten unterschiedlichster Fachrichtungen an einem kreativen Planungsprozess beteiligt. So steht die Integrale Planung für einen ganzheitlichen Ansatz zur Planung von Gebäuden unter Mitwirkung aller am Planungsprozess beteiligten Fachdisziplinen.

Iteratives Verfahren   Zur Lösungsannäherung oder -findung wird ein Prozess mehrfach in einem iterativen Verfahren wiederholt und durchlaufen. Je komplexer eine Fragestellung ist, desto mehr iterative Schritte sind notwendig, um der Lösung näher zu kommen.

Krankenhausfinanzierungsgesetz (KHG)   Zur Sicherstellung einer bedarfsgerechten Versorgung der Bevölkerung über wirtschaftlich leistungsfähige und eigenverantwortlich handelnde Krankenhäuser wurde am 21. Juli 2014 (BGBl. I S. 1133) das Krankenhausfinanzierungsgesetz aufgestellt.

Leistungsphase 0   Die Leistungsphase 0 stellt eine Leistungsphase vor der eigentlichen Objektplanung (Gebäude und Innenräume Leistungsphase 1–9) nach HOAI dar.

Metaplanung   Die Metaplanung beschreibt eine Planung, die sich nicht auf inhaltliche Ziele, Strategien etc. bezieht, sondern die Gestaltung der Planung selbst zum Gegenstand hat.

Methode   Der Erkenntnisweg bzw. das Verfahren zur Erreichung eines Ziels wird Methode genannt.

Pauschalförderung   Über die Bundesländer werden die Krankenhausinvestitionen nach den „Richtlinien über das Verfahren über die Gewährung von Fördermitteln" nach § 9 Abs. 1 KHG gefördert. Die Planbettenanzahl gemäß Krankenhausplan entscheidet über die Höhe der Pauschalförderung. Die Pauschalförderung übernimmt die Wiederbeschaffung kurzfristiger Anlagegüter und kleinere Baumaßnahmen.

Planung vor der Planung   Die Planung vor der Planung bezeichnet die in der DIN 18205 definierte Phase der „Bedarfsplanung im Bauwesen". In Ihr wird die methodische Ermittlung der Bedürfnisse von Bauherren und Nutzern beschrieben.

Planungsleitfaden   Der Planungsleitfaden beinhaltet die Richtlinien zur planerischen Arbeit. Sie sind teilweise bundeseinheitlich, teilweise länderspezifisch. Leitfäden sind keine vorgegebenen Vorschriften, sondern Richtlinien.

Planungsstufen   Der Planungsleitfaden wird in Teilaufgaben und Arbeitspakte, den sogenannten Planungsstufen unterteilt.

Planungssystematik   Die Untersuchung, Bewertung und Gestaltung von Arbeitssituationen in systematischer Weise wird über die Planungssystematik beschrieben.

Prozessablauf   Die Erreichung eines geschäftlichen oder betrieblichen Zieles wird über den Prozessablauf beschrieben. Dieser setzt sich aus aufeinanderfolgenden logisch verknüpften Aufgaben bzw. Aktivitäten zusammen.

Projektmanagement-Pyramide   Die Projektmanagement-Pyramide zeigt die Struktur der festgelegten Hierarchisierung, die Abhängigkeiten und Zuständigkeiten der beteiligten Rollen während der Planungsphase.

Raum- und Funktionsplanung   In der DIN 13080 wird das Raum- und Funktionsprogramm des Krankenhauses definiert. Dieses stellt die Grundlage zur ersten Architekturplanung, der sogenannten Raum- und Funktionsplanung, dar.

Soll-Ist Vergleich   Ein Begriff aus der betriebswirtschaftlichen Kostenrechnung. Er bezeichnet die Differenz zwischen Ist- und Sollkosten. Der Begriff beruht daher nur auf der Annahme der unterschiedlichen Kostenansätze.

Versorgungsauftrag   Die Bundesländer definieren über die Krankenhausplanung den Versorgungsauftrag eines Krankenhauses. Die stationären Leistungen zur bedarfsgerechten Versorgung der Bevölkerung werden hierüber abgebildet.

Wandlungsfähigkeit   Die Wandlungsfähigkeit repräsentiert das Potenzial, über vordefinierten Handlungsspielraum hinaus notwendige Veränderungen durchführen zu können. Je größer die Unabhängigkeit vom Gebäude, desto höher die Wandlungsfähigkeit.

Sachverzeichnis

Printed in the United States
By Bookmasters